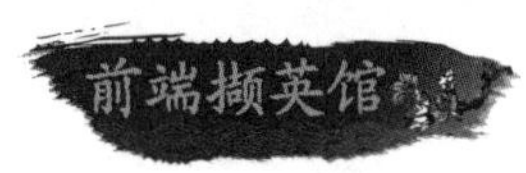

React全栈

Redux+Flux+webpack+Babel整合开发

张轩 杨寒星 著

電子工業出版社
Publishing House of Electronics Industry
北京•BEIJING

内 容 简 介

本书从现代前端开发的标准、趋势和常用工具入手，由此引出了优秀的构建工具 webpack 和 JavaScript 库 React，之后用一系列的实例来阐述两者的特色、概念和基本使用方法。随着应用复杂度的增加，进而介绍了 Flux 和 Redux 两种架构思想，并且使用 Redux 对现有程序进行改造，最后介绍了在开发过程中出现的反模式和性能优化方法。

本书适合有一定前端开发尤其是 JavaScript 基础的读者阅读，如果您还没有接触过前端开发这个领域，请先阅读前端开发的入门书籍。

图书在版编目（CIP）数据

React 全栈：Redux+Flux+webpack+Babel 整合开发 / 张轩，杨寒星著. —北京：电子工业出版社，2016.10
（前端撷英馆）

ISBN 978-7-121-29899-8

Ⅰ. ①R… Ⅱ. ①张… ②杨… Ⅲ. ①JAVA 语言—程序设计 Ⅳ. ①TP312.8

中国版本图书馆 CIP 数据核字(2016)第 219048 号

策划编辑：张春雨
责任编辑：付 睿
印　　刷：北京中新伟业印刷有限公司
装　　订：北京中新伟业印刷有限公司
出版发行：电子工业出版社
　　　　　北京市海淀区万寿路 173 信箱　　邮编 100036
开　　本：787×980　1/16　印张：14　字数：251 千字
版　　次：2016 年 10 月第 1 版
印　　次：2017 年 3 月第 3 次印刷
定　　价：69.00 元

凡所购买电子工业出版社图书有缺损问题，请向购买书店调换。若书店售缺，请与本社发行部联系，联系及邮购电话：（010）88254888，88258888。

质量投诉请发邮件至 zlts@phei.com.cn，盗版侵权举报请发邮件至 dbqq@phei.com.cn。

本书咨询联系方式：010-51260888-819　faq@phei.com.cn。

前　　言

对一个前端工程师来说，这是最坏的时代，也是最好的时代。

在这样的领域里，每一年都不会风平浪静。如果说 2014 年是属于 MVVM，属于 Angular 的，那么 2015 年称为 React 元年并不为过。开发团队的不断完善以及 React 社区井喷式的发展让这个诞生于 2013 年的框架及其生态趋于成熟（就在不久前，React 官方宣布将在版本号 0.14.7 后直接使用版本号 15.0.0），大量团队在生产环境中的实践经验也让引入 React 不再是一件需要瞻前顾后反复调研的事情，如果 React 适合你，那么现在就可以放心地使用了。

可是对于很多还没有深入实践过 React 开发的工程师来说，React 到底做了什么？React 适合什么样的场景？又应该如何投入使用？在具体业务逻辑的实现上，怎样才是最佳的实践？这些都是需要去了解与思考的问题。

本书将从一个传统前端工程师的角度出发，介绍 React 产生的背景及其架构应用，并结合一些由浅入深的例子帮助读者掌握基于 React 的 Web 前端开发方法。

——杨寒星

前端开发是一个充满变化的领域，它的发展速度快得惊人。各种各样的新技术、新标准层出不穷，GitHub 上最火的语言是 JavaScript，最大的包管理器是 npm。新的流行框架日新月异，几年前的那些先驱者还是工程师口中津津乐道的宠儿，比如 YUI、Mootools、jQuery 等，今天已经不再那么流行，曾经名噪一时的 Backbone 框架，现在也渐渐褪去热度，继往开来的 Angular、Vue.js、Ember 等 MVVM 框架竞相登场，再加上当红的新宠 **React.js** 大行其道，让好多工程师仿佛迷失在了大潮中。

前端开发是一个新兴的行业。几年前，被称作重构工程师的我们还都在对着 Photoshop 切图，把一些 jQuery 插件复制来复制去，完成一些炫酷的幻灯图特效，不断地处理着很多 IE 浏览器的怪异 Bug。这些功力其实到现在还能满足大部分的 Web 开发，完成大部分的项目。我们不妨把它称为“古典时代”，它影响深远，但是最终会慢慢远去。

在当前这个潮流下，很多工程师会抛出这样的言论：

学习一些新的工具、框架有什么用？业界发展得这么快，等我学会了这些，它也许已经“寿终正寝”了。天天跟风一样地追求各种框架，学会了也是迷茫，这些框架没有用武之地。旁门左道，天天布道没有用的东西，伪前端。

随着技术的进化、移动应用的飞速发展，一个前端工程师的职责不像原来那样只要把图转换成网页那么简单。如今产生了各种类型的新名词——Hybird 应用、全端工程师、SPA 等，各有其特定的应用场景。任何框架的发明和创造都有它们一定的历史原因，只有解决了需求的痛点，才能让工程师更快地解决难题。在我们学习的过程中，可以发现它背后的思想和解决方案，进而更好地充实自己。做技术的人最重要的就是保持开放的态度，有一颗好奇心，持续不断地学习。

在前端开发中占最重要部分的 JavaScript，也随着这些框架在慢慢进化着，原来令人不断诟病的缺点正在被标准制定者慢慢修补，新的特性不断浮出水面。前端工程师正处在发展最迅速的时代，这应该是一个让人兴奋的时代，犹如工业革命一样，每个工程师都见证着一场伟大的前端革命。

本书不仅讲述了怎样使用 React 和 webpack 开发一些应用，而且希望通过一系列的介绍让每个工程师都能站在前端技术的潮头，拥抱变化，学习新的标准和技术，成为新技术的弄潮儿。

——张轩

本书面向的读者

本书适合有一定前端开发经验尤其是有 JavaScript 基础的读者，如果你还没有接触过前端开发这个领域，请先阅读前端开发的入门书籍。

本书的代码示例

你可以在这里下载本书的代码示例：https://github.com/vikingmute/webpack-react-codes。

本书的代码执行环境

本书中默认的开发环境是 Node.js 5.0.0，书中介绍到的几个库的版本分别为 React@15.0.1、webpack@1.12.14 及 Redux@3.2.1，其他如未特别说明的则为最新版本。

目　　录

第 1 章　现代前端开发

前端开发现在在经历急速发展的阶段。随着应用场景越来越广，需求越来越复杂，社区和官方也在不断地将其规范化和工程化。在本章中，会给读者介绍目前前端开发的发展现状和一些优秀的工具。如果你还在使用比较古老的开发方式，那么不妨跟随步伐，了解一下现阶段的发展。

本章会从 3 个方面介绍**现代**的前端开发技术，作为了解 React 和 webpack 的背景知识。

- ES6——新一代的 JavaScript 语言标准。
- Component 组件和模块的发展历程。
- 前端开发的常用工具：
  - 包管理器（Package Manager），用来下载和管理前端代码库。
  - 任务流工具（Task Runner），用来执行一系列开发中的任务。
  - 模块打包工具（Bundler），用来转换和合并前端代码的模式。

1.1　ES6——新一代的 JavaScript 标准

JavaScript 这门脚本语言一直被人诟病（所以薄薄的一本《JavaScript 语言精粹》让很多读者奉为圣经），再加上浏览器兼容性的问题，令很多前端开发者感到特别苦恼。如今前端开发发展又如此迅速，这促使了 **ECMA** 组委会在修订 JavaScript 语言新版本时，不仅在质量上不断加以完善，同时加快了更新的速度。

ES6（或者被称为 ES2015）被称为 JavaScript 历史上最重大的一次变革，该标准最终敲定于 2015 年 6 月，提供了非常多语言级别新的特性。这是一个可以载入前端发展史册的重大事件。本书全面使用了ES6 标准，在这里会简单描述一些在本书中使用的 ES6 的特性，给读者一个关于最新标准的直观概念。如果想了解更多变化和特性，建议阅读阮一峰老师编写的《ECMAScript 6 入门》。

1.1.1 语言特性

1. const、let 关键字

众所周知，在 JavaScript 中，变量默认是全局性的，只存在函数级作用域，声明函数曾经是创造作用域的唯一方法。这点和其他编程语言存在差异，其他语言大多数都存在块级作用域。所以在 ES6 中，新提出的 let 关键字使这个缺陷得到了修复。

```
if (true) {
  let a = 'name';
}
console.log(a);
// ReferenceError: a is not defined
```

同时还引入的概念是 const，用来定义一个常量，一旦定义以后不可以修改，不过如果是引用类型的，那么可以改变它的属性。

```
const MYNAME = 'viking';
MYNAME = 'kitty';
// "CONSTANT" is read-only
const MYNAME = {foo: 'viking'};
MYNAME.foo = 'kitty';
//可以正常运行
```

2. 函数

- **箭头函数**

箭头函数是一种更简单的函数声明方式，可以把它看作是一种语法糖，箭头函

数永远是匿名的。

```
let add = (a, b) => {return a + b;}
//当后面是表达式(expression)的时候，还可以简写成
let add = (a, b) => a + b;
//等同于
let add = function(a, b) {
  return a + b;
}
//在回调函数中应用
let numbers = [1, 2, 3];
let doubleNumbers = numbers.map((number) => number * 2);
console.log(doubleNumbers);
//[2, 4, 6] 看起来很简便吧
```

- **this 在箭头函数中的使用**

在工作中经常会遇到这样的问题，就是 this 在一个对象方法中嵌套函数。

```
var age = 2;
var kitty = {
  age: 1,
  grow: function() {
    setTimeout(function() {
      console.log(++this.age);
    }, 100);
  }
};

kitty.grow();
// 3
```

在对象方法的嵌套函数中，this 会指向 global 对象，这被看作是 JavaScript 在设计上的一个重大缺陷，一般都会采用一些 hack 来解决它，如下。

```
let kitty = {
  age: 1,
  grow: function() {
    const self = this;
    setTimeout(function() {
      console.log(++self.age);
    }, 100);
  }
```

```
}
//或者
let kitty = {
  age: 1,
  grow: function() {
    setTimeout(function() {
      console.log(this.age);
    }.bind(this), 100);
  }
}
```

现在有了箭头函数，可以很轻松地解决这个问题。

```
let kitty = {
  age: 1,
  grow: function() {
    setTimeout(() => {
      console.log(this.age);
    }, 100);
  }
}
```

- **函数默认参数**

ES6 没有出现之前，面对默认参数都会让人感到很痛苦，不得不采用各种 hack，比如说：values = values || []。现在一切都变得轻松很多。

```
function desc(name = 'Peter', age = 5) {
  return name + ' is ' + age + ' years old';
}
desc();
//Peter is 5 years old
```

- **Rest 参数**

当一个函数的最后一个参数有“...”这样的前缀，它就会变成一个参数的数组。

```
function test(...args) {
  console.log(args);
}
test(1, 2, 3);
// [1, 2, 3]
function test2(name, ...args) {
  console.log(args);
```

```
}
test2('Peter', 2 , 3);
//[2, 3]
```

它和 arguments 有如下区别：① Rest 参数只是没有指定变量名称的参数数组，而 arguments 是所有参数的集合；② arguments 对象不是一个真正的数组，而 Rest 参数是一个真正的数组，可以使用各种方法，比如 sort、map 等。有了这两个理由，是时候告别 arguments，拥抱可爱的 Rest 参数了。

3. 展开操作符

刚才在函数中讲到了使用“...”操作符来实现函数参数的数组，其实这个操作符的魔力不仅仅如此。它被称为展开操作符，允许一个表达式在某处展开，在存在多个参数（用于函数调用）、多个元素（用于数组字面量）或者多个变量（用于解构赋值）的地方就会出现这种情况。

- **用于函数调用**

如果在之前的 JavaScript 中，想让函数把一个数组依次作为参数进行调用，一般会如下这样做。

```
function test(x, y, z) { };
var args = [1, 2, 3];
test.apply(null, args);
```

有了 ES6 的展开运算符，可以简化这个过程。

```
function test(x, y, z) { };
let args = [0, 1, 2];
test(...args);
```

- **用于数组字面量**

在之前的版本中，如果想创建含有某些元素的新数组，常常会用到 splice、concat、push 等方法，如下。

```
var arr1 = [1, 2, 3];
var arr2 = [4, 5, 6];
var arr3 = arr1.concat(arr2);
console.log(arr3);
```

```
//1,2,3,4,5,6
```

使用展开运算符以后就简便了很多，如下。

```
let arr1 = [1, 2, 3];
let arr2 = [4, 5, 6];
let arr3 = [...arr1, ...arr2];
console.log(arr3);
//1,2,3,4,5,6
```

- **对象的展开运算符**

数组的展开运算符简单易用，那么对象有没有这个特性？

```
let mike = {name: 'mike', age: 50};
mike = {...mike, sex: 'male'};
console.log(mike);
/*
[object Object] {
  age: 50,
  name: "mike",
  sex: "male"
}
*/
```

对象的展开其实已经被提上日程，只不过它是 ES7 的提案之一，它可以让你以更简洁的形式将一个对象可枚举的属性复制到另外一个对象上。这一特性可以借助后面介绍的 Babel 和它的插件来实现。其实 React 已经走在了时代的前沿，在 JSX 语法中已经开始采用这种写法，我们会在后面的章节学习到这个特性。

4. 模板字符串

在 ES6 之前的时代，字符串的拼接总是一件令人不爽的事情，但是在 ES6 来临的时代，这个痛处也要被治愈了。

```
//之前总会做这些事情
var name = 'viking';
var a = 'My name is ' + viking + '!';
//多行字符串
var longStory = 'This is a long story,'
    + 'this is a long story,'
    + 'this is a long story.';
```

```
//有了 ES6 现在可以这样做
//注意这里不是引号而是`这个符号
let name = 'viking';
let a = `My name is ${name} !`;
let longStory = `This is a long story,
   this is a long story
   this is a long story`;
//非常方便,对吧
```

5. 解构赋值

解构语法可以快速从数组或者对象中提取变量，可以用一个表达式读取整个结构。

- **解构数组**

```
let foo = ['one', 'two', 'three'];

let [one, two, three] = foo;

console.log(`${one}, ${two}, ${three}`);

//one, two, three
```

- **解构对象**

```
let person = {name: 'viking', age: 20};
let {name, age} = person;

console.log(`${name}, ${age}`);

//viking, 20
```

解构赋值可以看作一种语法糖，它受 Python 语言的启发，可以提高效率。

6. 类

众所周知，在 JavaScript 的世界里是没有传统类的概念的，它使用原型链的方式来完成继承，但是声明的方式看起来总是怪怪的，所以 ES6 提供了 class 这个语法糖，让开发者可以模仿其他语言类的声明方式，看起来更加明确清晰。需要注意的是，class 并没有带来新的结构，而只是原来原型链方式的一种语法糖。

```
class Animal {
  //构造函数
  constructor(name, age) {
    this.name  = name;
    this.age = age;
  }
  shout() {
    return `My name is ${this.name}, age is ${this.age}`;
  }
  //静态方法
  static foo() {
    return 'Here is a static method';
  }
}

const cow = new Animal('betty', 2);
cow.shout();
//`My name is betty, age is 2
Animal.foo();
// Here is a static method

class Dog extends Animal {
  constructor(name, age = 2, color = 'black') {
    //在构造函数中可以直接调用 super 方法
    super(name, age);
    this.color = color;
  }
  shout() {
    //在非构造函数中不能直接使用 super 方法
    //但是可以采用 super(). + 方法名字调用父类方法
    return super.shout() + `, color is ${this.color}`;
  }
}

const jackTheDog = new Dog('jack');
jackTheDog.shout();
//"My name is jack, age is 2, color is black"
```

7. 模块

JavaScirpt 模块化代码是一个古老的话题，从前端开发这个职业诞生到现在，一直都在不断地进化，它的发展也从另外一个侧面反映了前端项目越来越复杂、越来越工程化。

在 ES6 之前，JavaScript 并没有对模块做出任何定义，于是先驱者们创造了各种各样的规范来完成这个任务。伴随着 Require.js 的流行，它所推崇的 **AMD** 格式也成了开发者的首选。在这之后，Node.js 诞生了，随之而来的是 **CommonJS** 格式，再之后 **browserify** 的诞生，让浏览器端的开发也能使用这种格式。直到 ES6 的出现，模块这个观念才真正有了语言特性的支持，现在来看看它是如何被定义的。

```
//hello.js 文件
//定义一个命名为 hello 的函数
function hello() {
 console.log('Hello ES6');
}
//使用 export 导出这个模块
export hello;

//main.js
//使用 import 加载这个模块
import { hello } from './hello';
hello();
//Hello ES6
```

上面的代码就完成了模块的一个最简单的例子，使用 import 和 export 关键字完成模块的导入和导出。当然也可以完成一个模块的多个导出，请看下面的例子。

```
//hello.js
export const PI = 3.14;
export function hello() {
 console.log('Hello ES6');
}
export let person = {name: 'viking'};

//main.js
//使用对象解构赋值加载这 3 个变量
import {PI, hello, person} from './hello';

//也可以将这个模块全部导出
import * as util from './hello';
console.log(util.PI);
//3.14
```

还可以使用 **default** 关键字来实现模块的默认导出。

```
//hello.js
export default function () {
  console.log('Hello ES6');
}

//main.js
import hello from './hello';
hello();
//Hello ES6
```

模块的官方定义对于 JavaScript 来说是具有划时代意义的，它让各种关于 JavaScript 模块化标准的争斗落下帷幕，开发者不用再为选择什么样的模块标准而苦恼，每个人都可以开心地使用 ES6 的模块标准。

1.1.2 使用 Babel

1. 认识 Babel

正如上面所介绍的，作为一种语言，JavaScript 在不断发展，各种新标准和提案层出不穷，但是由于浏览器的多样性导致有可能几年之内都无法广泛普及，而 Babel 可以让你提前使用这些语言特性，它是一种多用途的 JavaScript 编译器，它把最新版本的 JavaScript 编译成当下可以执行的版本。简而言之，利用 Babel 就可以让我们在当前的项目中随意地使用这些最新的 ES6 语法特性。

安装 Babel CLI，这是一个可以在命令行中使用 Babel 编译的方法。

```
npm install babel-cli -g
```

现在来写一段 ES6 代码。

```
//es6.js
let numbers = [1, 2, 3];
let doubleNumbers = numbers.map((number) => number * 2);
console.log(doubleNumbers);
```

然后使用 Babel 来编译这段代码。

```
babel es6.js -o compiled.js
```

打开 compiled.js，发现只是把 es6.js 的代码复制了过来，没有任何的处理。因为还没有配置 Babel 怎样去编译代码。

2. 配置

Babel 是通过安装插件（plugin）或者预设（preset，就是一组设定好的插件）来编译代码的。

先创建一个配置文件.babelrc。

```
//.babelrc
{
  "presets": [],
  "plugins": []
}
```

下面来安装一个预设，它可以把 ES6 代码编译成 ES5 代码。

```
npm install --save-dev babel-preset-es2015
```

安装完后，在 node_modules/babel-preset-es2015/node_modules 文件夹中（npm v3+ 的话则是在 node_modules 文件夹中），会发现有一系列的插件。每个插件都有各种独特的功能，用来共同完成 ES6 代码的编译。如图 1-1 所示为 Babel preset 的例子。

```
~/test/node_modules/babel-preset-es2015/node_modules  10:03:44
$ ls
babel-plugin-check-es2015-constants
babel-plugin-transform-es2015-arrow-functions
babel-plugin-transform-es2015-block-scoped-functions
babel-plugin-transform-es2015-block-scoping
babel-plugin-transform-es2015-classes
babel-plugin-transform-es2015-computed-properties
babel-plugin-transform-es2015-destructuring
babel-plugin-transform-es2015-duplicate-keys
babel-plugin-transform-es2015-for-of
babel-plugin-transform-es2015-function-name
babel-plugin-transform-es2015-literals
babel-plugin-transform-es2015-modules-commonjs
babel-plugin-transform-es2015-object-super
babel-plugin-transform-es2015-parameters
babel-plugin-transform-es2015-shorthand-properties
```

图 1-1　Babel preset 的例子

将这个 preset 添加到配置文件中。

```
{
  "presets": ['es2015'],
  "plugins": []
}
```

现在配置完毕，再次运行命令以后，打开 compiled.js 文件，发现编译已经完成了。

```
"use strict";

var numbers = [1, 2, 3];
var doubleNumbers = numbers.map(function (number) {
  return number * 2;
});
console.log(doubleNumbers);
```

在 1.1.1 节语言特性里面介绍过 ES7 中的对象展开操作符，那么这里用一个单独的插件来实现这个功能，演示一下 Babel 单独插件的配置使用。

安装 object-rest-spread 插件。

```
npm install babel-plugin-transform-object-rest-spread --save-dev
```

添加至配置文件。

```
{
  "presets": ['es2015'],
  "plugins": ['transform-object-rest-spread']
}
```

写一段使用对象展开符的代码。

```
let mike = {name: 'mike', age: 40};
mike = {...mike, sex: 'male'};
console.log(mike);
```

打开编译以后的代码文件，发现如下。

```
var _extends = Object.assign || function(target) {
    for (var i = 1; i < arguments.length; i++) {
        var source = arguments[i];
        for (var key in source) {
            if (Object.prototype.hasOwnProperty.call(source, key)) {
                target[key] = source[key];
```

```
            }
        }
    }
    return target;
};

var mike = { name: 'mike', age: 40 };
mike = _extends({}, mike, { sex: 'male' });

console.log(mike);
```

这个插件其实就是添加了另外一个_extends 方法来完成这个功能。

经过这两个例子以后，不难得出这样的结论：Babel 的核心概念就是利用一系列的 plugin 来管理编译规则，通过不同的 plugin，它不仅可以编译 ES6 代码，还可以编译 React JSX 语法或者是 CoffeeScript 等，甚至可以使用还在提案阶段的 ES7 的一些特性，这就足以看出它的可扩展性和易用性等魔力。在以后的章节中，会介绍它和 webpack、React 如何共同构建一个完美的开发环境。

1.1.3　小结

在本书中将要使用的 ES6 特性大体就有这些，这么多全新的特性是不是让你跃跃欲试？但是兼容性一直是前端领域不得不谈的问题，很多版本的浏览器都无法支持所有 ES6 的特性，但是随着一个出色的编译器 **Babel** 的诞生，在现在的项目中，借助它的帮助，就可以完全释放 ES6 的魔力。

有了 ES6 和 Babel，JavaScript 开发可谓如虎添翼，可以写出更简洁、健壮的代码。

1.2　前端组件化方案

首先要区分两个概念：模块（module）与组件（component）。模块是语言层面的，在前端领域我们说的 module 一般都是指 JavaScript module，往往表现为一个单独的 JS 文件，对外暴露一些属性或方法。前端组件则更多是业务层面的概念，可以看成一个可独立使用的功能实现，往往表现为一个 UI 部件（并不绝对），比如一个下拉菜单、一个富文本编辑器或者一个路由系统。一个组件包含它所需要的所有资源，包括逻辑（JavaScript）、样式（CSS）、模板（HTML/template），甚至图片与字体。

因而，一个组件有时仅仅是一个 JavaScript 模块，而更多时候不仅是一个 JavaScript 模块。前端的组件化方案都不可避免要以 JavaScript 的模块化方案为基础。

1.2.1 JavaScript 模块化方案

在 ES6 之前，JavaScript 并没有原生的模块，JavaScript 开发者通过各种约定或妥协实现了模块的特征，如独立的命名空间、暴露属性与方法的能力等。粗略分析的话，这一过程大致经历了 3 个阶段：全局变量+命名空间（namespace）、AMD&CommonJS、ES6 模块。

1. 全局变量+命名空间（namespace）

第一个阶段是很原始的，基于同一个全局变量，各模块按照各自的命名空间进行挂载。很典型的例子就是 jQuery，以及很多较早时期的项目。这一做法很简单，如整个项目使用同一个全局变量 window.foo，项目中的所有模块都有其角色，对应一个命名，如模块 bar，其产出就挂载到 foo.bar 上。

```
const foo = window.foo;
const bar = 'i\'m bar';
// export
foo.bar = bar;
```

需要使用时可以直接通过 window.foo.bar 使用。

```
const foo = window.foo;
foo.bar; // 'i\'m bar'
```

模块内部一般通过简单的自执行函数实现局部作用域，避免污染全局作用域，因此一个模块的外观往往如下。

```
(function () {
    // define & export ...
})()
```

这么做的问题很多，比较主要的问题如下。

- 依赖全局变量，污染全局作用域的同时，安全性得不到保障。
- 依赖约定命名空间来避免冲突，可靠性不高。
- 需要依赖手动管理并控制执行顺序，容易出错。
- 需要在最终上线前手动合并所有用到的模块。

2. AMD&CommonJS

AMD 将革命性的 JavaScript 模块化方案带到了前端开发中，它解决了前面方案的几乎所有问题。

- 仅仅需要在全局环境下定义 require 与 define，不需要其他的全局变量。
- 通过文件路径或模块自己声明的模块名定位模块。
- 模块实现中声明依赖，依赖的加载与执行均由加载器操作。
- 提供了打包工具自动分析依赖并合并。

AMD 模块一般如下。

```
define(function (require) {
    // 通过相对路径获得依赖模块
    const bar = require('./bar');
    // 模块产出
    return function () {
        //……
    };
});
```

至于 CommonJS 规范，它本不适合浏览器环境，但依赖现代打包工具的能力，CommonJS 规范的模块也可以经过转换后在浏览器中执行。相比 AMD 的模块格式，CommonJS 的模块格式更简洁，而且可以更方便地实现前后端代码共用（Node.js 的模块正是使用 CommonJS 规范），因而得到了广泛的欢迎。一个典型的 CommonJS 模块如下。

```
// 通过相对路径获得依赖模块
const bar = require('./bar');
// 模块产出
module.exports = function () {
```

```
    //……
};
```

3．ES6 模块

ES6，即 ES2015，为 JavaScript 世界带来了规范的模块化方案，相比 AMD/CommonJS，它更为强大，引用与暴露的方式更多样。而且它支持较复杂的静态分析，使构建工具更细粒度地移除模块实现中的无用代码成为可能（感兴趣的读者可以去了解一种叫“tree shaking”的技术）。

基于 ES6 规范的模块是这样的。

```
// 通过相对路径获得依赖模块
import bar from './bar';
// 模块产出
export default function () {
    //……
};
```

1.2.2 前端的模块化和组件化

前端的组件化方案在模块化发展的基础上也经历了漫长的演变过程。大致可以划分为 4 个阶段：基于命名空间的多入口文件组件、基于模块的多入口文件组件、单 JavaScript 入口组件、Web Component。

1．基于命名空间的多入口文件组件

这一方案的特点如下。

- 基于前面介绍的第一种模块化方案。
- 不同资源分别手动引入（或手动合并）。

最典型的例子就是 jQuery 插件。首先需要通过手动插入<script>标签引入该插件对应的 JavaScript 代码，再通过插入<link>标签引入插件的样式内容，然后才可以在我们的代码中使用这个插件。在使用时，插件的实现会向全局的$中添加内容，直接使用$上的方法即可。

2. 基于模块的多入口文件组件

后来前端有了流行的模块化方案，这一时期的组件也趋于使用像 AMD 这样的规范来组织其 JavaScript 实现，把自己也暴露为一个模块。然而，样式内容及其他的依赖资源（图片、字体等）还没能纳入整体的模块化方案里，因此这时的组件往往会呈现为：

- 一个 AMD 模块，为 JavaScript 实现。
- 一个 CSS（或 Less、Sass）文件，为样式内容。
- 其他资源内容，往往不需要手动引入，组件会在其 CSS 实现中通过相对路径引入。

我们使用时需要：

- 在 JavaScript 代码中 require 组件对应的模块。
- 在样式代码中引入（CSS 预处理器提供的 import 等方式）组件的样式内容。

不难发现，虽然 JavaScript 模块化了，但是组件的实现与使用依然不便利。

3. 单 JavaScript 入口组件

browserify、webpack 等现代打包工具的出现为解决上一个方案遗留的问题带来了一线曙光。它们允许我们将一般的资源视作与 JavaScript 平等的模块，并以一致的方式加载进来，这样就可以按如下方式组织组件。

```
foo/
   - img/
   - index.js
   - style.less
bar/
...
```

其中的 index.js 如下。

```
require('./style.less');
const bar = require('./bar');

module.exports = function () {
   // ……
```

```
};
```

在 style.less 中又可以通过“./img/foo.png”这样的相对地址引用图片、字体这些依赖。

于是，我们组件的所有依赖都可以在自己的实现中声明，而对外只暴露一个 JavaScript 模块作为入口。以优雅的方式解决已有方案的问题，借助 JavaScript 强大的表达能力与相关工具使该组件方案拥有了极大的可扩展性，“单 JavaScript 入口组件”自然成为目前较为主流的前端组件化方案。

4．Web Component

Web Component 是前端组件化方案里的“国家队”，就像 ES6 module 对于 JavaScript 模块化方案一样。它于 2011 年就被提出，但遗憾的是，至今还处于不温不火的状态。先介绍下这个方案，主要包含 4 部分内容。

- 自定义元素（Custom Element）。
- HTML 模板（HTML Template）。
- Shadow DOM。
- HTML 的引入（HTML Import）。

拥有这四大本领的 Web Component 为我们构造了一个美好的愿景——像使用普通 HTML 标签一样使用组件，组件的样式内外隔绝，通过简单的<link rel="import"href ="bar.html">就可以引入组件实现。

然而，浏览器支持程度迟迟不够，而且很难通过 polyfill 得以在旧版本浏览器上运行，该方案使用起来与已有的“单 JavaScript 入口组件”方案相比并无较大优势（样式内容隔绝算是一个，但后者也可以通过约定或工具变相实现样式的隔离），这些让 Web Component 方案的前景蒙上了一层不确定性。

1.2.3 小结

在本书中，主要介绍了 React 提供的组件化方案，它提供了 ES5 与 ES6 两个版本，本书将以后者为主进行介绍。React 推荐通过 webpack 或 browserify 进行应用的构建，搭配对应的 loader 或 plugin 可以实现通过 JavaScript 入口文件统一管理依赖资源。从整体上，看这是一个典型的“单 JavaScript 入口组件”方案。

1.3 辅助工具

俗话说：“工欲善其事，必先利其器”， 随着前端开发的不断发展，越来越多新需求的涌现，促使出色的开发者不断寻求更好的解决方案。在这个契机下，辅助工具在前端项目中扮演着更重要的角色。下面会对辅助工具做一个简单介绍，根据不同的用途可以将其大致分为 3 类。

1.3.1 包管理器（Package Manager）

软件包管理器是指在计算机中自动安装、配置、卸载和升级软件包的工具组合，它在各种系统软件和应用软件中均有广泛的应用。

如果你用过 Ubuntu 系统，你一定会对 apt-get 津津乐道，还有 Mac 系统下的 homebrew 也会让你在 Mac 系统中安装各种软件事半功倍。

如果你使用过其他编程语言，例如 Python、Ruby，那么你一定经常使用 pip 和 Gem 这两个包管理器。

那么前端开发有没有对应的包管理器呢？在最开始的时候，开发者习惯于逛各种网站，下载各种各样的源代码，然后一一把它们放到自己的项目中，这种做法费时费力，又不容易维护脚本样式的更新等。自从 Node.js 开天辟地以后，优秀的前端工程师们又开始了创造之旅。这里面的翘楚有 **Bower**、**Component**、**Spm** 及 Node.js 的“亲儿子”**npm**。

在这些工具百花齐放的时代，它们各有特点和优势，但是随着 Node.js 的不断进化，npm 也在不断升级，一开始它只是被称为 Node Package Manager，是用来解决 Node.js 的包管理器，但是随着其他构建工具（browserify、webpack）的发展，仅限于浏览器场景的包，终于也可以使用 CommonJS 或者 ES6 模块规范。同时 npm 的版本也在一直更新，解决了很多令人诟病的问题，所以到现在，npm 有点一统天下的味道，那下面就来简单介绍一下这款优秀的包管理器。

正如上面所说，npm 的口号已经变成了“**the package manager for JavaScript**”，它用来安装、管理和分享 JavaScript 包，同时会自动处理多个包之间的依赖。到目前为止（2016 年 5 月），npm 已经拥有 25 万个包，一跃成为最大的包管理器，几乎所有流行的 JavaScript 框架和库在 npm 中都有注册。npm 是和 Node.js 绑定在一起的，当你安装了 Node.js，npm 会被自动安装。

1．安装包

安装包有两种模式，一种是本地安装，一种是全局安装。

```
npm install lodash
```

当命令运行完毕以后，它会在当前目录下生成一个 node_modules 文件夹，并且将 lodash 模块下载到这个文件夹中。

还有一类模块，比如一些命令行工具，可以直接在命令行中使用，那么这些模块就需要全局安装。

```
npm install -g jshint
```

安装完毕后，就可以在命令行中直接使用 jshint 这个工具了。

```
jshint index.js
```

可以使用下面的命令来查看全局的包安装在了什么位置。

```
npm prefix -g
```

2．使用 package.json

当你的项目需要依赖多个包时，使用 package.json 才是最好的方法。package.json 就是一个 JSON 文件，对比手动安装，它有以下优点。

- 它以文档的形式规定了项目所依赖的包。
- 可以确定每个包所使用的版本。
- 项目的构建可重复，在多人协作中更加方便。

你可以手动新建一个 package.json 文件，也可以使用 npm init 命令填入各种信息，然后生成这个文件。一个 package.json 文件必须含有两个字段——"name"、"version"。

```
{
 "name": "my-first-project",
 "version": "1.0.0"
}
```

对于更多字段的信息，在这里就不展开解释了，感兴趣的读者可以自行查阅文档。

下面来规定这个项目依赖的包，在文件中可以定义两种类型的包。

- dependencies：在生产环境中需要依赖的包。
- devDependencies：仅在开发和测试环节中需要依赖的包。

当然也可以手动在 package.json 中添加这些内容，但是更好的方法是使用 npminstall 的--save 和--save-dev 命令。使用--save 命令安装一个包，可以把它的信息自动写进 package.json 的 dependencies 字段中，同样--save-dev 命令可以写入到 devDependencies 中。

现在来举个例子，上面那个项目需要依赖 lodash，测试过程中需要 mocha，那么可以如下这样实现。

```
npm install lodash --save
npm install mocha --save-dev
```

再来看一下 package.json。

```
{
 "name": "my-first-project",
 "version": "1.0.0",
 "dependencies": {
  "lodash": "^4.12.0"
 },
 "devDependencies": {
  "mocha": "^2.4.5"
 }
}
```

现在如果其他人也需要使用这个项目，只需要把这个 package.json 文件给他，然后进行简单的 npm install 即可。这就是上面所说的一个优点——不需要把依赖都下载到本地，更便于多人协作。

3. 包和模块

上面所说的是安装其他人已经写好的包，其实每个人都可以创建 npm 包。

在这里，先要搞清楚包（package）和模块（module）的区别和联系。**包是一个用 package.json 文件描述的文件夹或者文件。**而模块（module）的要求更为具体——模块指的是任何可以被 Node.js 中 require 方法载入的文件。下面是几个可以被当作模块的典型例子。

- 一个包括有 main 字段 package.json 的文件夹。
- 一个包括 index.js 的文件夹。
- 一个单独的 JavaScript 文件。

所有的模块都是包，但是不是所有的包都是模块，比如一些 CLI 包只包括可执行的命令行工具。

现在来创建第一个模块，还是使用 npm init 新建一个 package.json。像上面描述的一样，需要两个必需的字段，最好还有一个 main 字段，默认是 index.js。

```
{
  "name": "my-first-module",
  "version": "1.0.0",
  "main": "index.js"
}
```

创建完 package.json 文件后，就可以开始创建被 require 这个模块载入的文件，这里是 index.js，这个文件应该是 **CommonJS** 规范的。

```
// index.js
module.exports = function() {
  console.log("This is a message from the demo package");
}
```

这样就创建完一个简单的模块了，模块其实并无特殊之处，就是一个符合 CommonJS 规范的文件而已，然后可以通过 npm publish 命令把你完成的模块发布到 npm 的库里面，这样其他人就可以安装你完成的模块了。关于发布和更新的一系列过程在这里就不做介绍了，在你的下一个项目中不妨使用 **npm** 作为包管理器，可以省掉很多从各处下载不同格式的代码和更新的时间。

1.3.2 任务流工具（Task Runner）

在前端项目中会遇到各种各样的任务，比如说压缩合并代码、验证代码格式、测试代码、监视文件是否有变化等。执行这些任务的方法一般是在命令行中执行相应的命令。比如验证代码，假如已经安装了 jshint 这个工具，现在要检验一个 JavaScript 文件的格式，可以在命令行执行如下命令。

```
jshint test.js
```

如果项目比较简单，那么这样做不失是一个好方法。但是如果验证后，还要加上压缩呢？当然还可以继续写一个命令。

```
uglifyjs test.js -o output.js
```

如果项目越来越复杂，每次编译都要手动写上这两个命令，那当然会非常麻烦。也许接触 Linux 系统的读者会自然而然地想出使用 shell script，每次运行脚本即可。

```
#!/bin/bash
jshint test.js
uglifyjs test.js -o output.js
```

但是 bash 语法对于一些前端开发者来说也许不是那么熟悉，重新学习会花费许多成本，如果有一种工具可以使用 JavaScript 的语法来实现这些功能那就太好了。在这样的前提下，Task Runner 被创造了出来。

现在两个最流行也是比较完善的工具分别是 **Grunt** 和 **Gulp**。下面来简单介绍一下这两个工具。

1. Grunt

Grunt 是一个命令行工具，可以通过 npm 来安装。

```
npm install grunt-cli -g
```

它有着非常完善的插件机制，插件是把各种工具和 Grunt 结合在一起的桥梁。比如说上面所说的 jshint 工具，它的 Grunt 插件称作 grunt-contrib-jshint，Grunt 任务的配置是通过一个名为 Gruntfile.js 的文件来进行的，这个文件是一个标准的 Node.js 模块。下面来看一个 Gruntfile.js 的例子。

```
module.exports = function(grunt) {
  //自定义任务的配置
    grunt.initConfig({
        jshint: {
            src: 'src/test.js'
        },
        uglify: {
            build: {
                src: 'src/test.js',
                dest: 'build/test.min.js'
            }
        }
    });
  //将两个任务插件导入
    grunt.loadnpmTasks('grunt-contrib-uglify');
    grunt.loadnpmTasks('grunt-contrib-jshint');
  //注册自定义任务，这个任务是jshint和uglify两个任务的组合
    grunt.registerTask('default', ['jshint','uglify']);
}
```

通过这个配置文件，设置了 3 个任务，一个是 jshint，一个是 uglify，一个是这两个任务的组合。可以在项目根目录下通过 grunt --help 命令来查看。

```
Available tasks
        uglify  Minify files with UglifyJS. *
        jshint  Validate files with JSHint. *
       default  Alias for "jshint", "uglify" tasks.
```

通过直接运行 grunt 命令来完成这两个任务。你也可以运行 grunt uglify 来执行单个任务，如图 1-2 所示为 Grunt 运行结果。

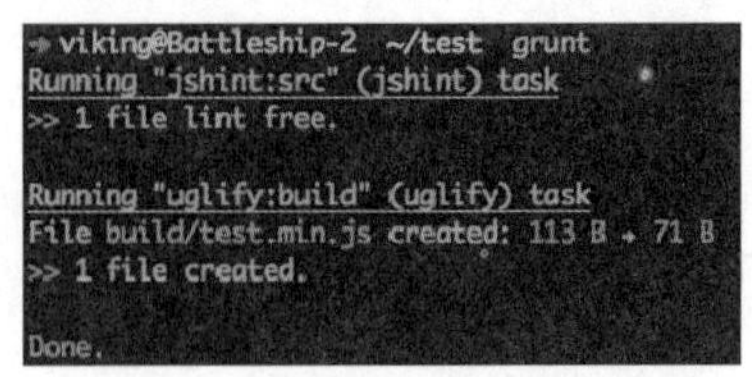

图 1-2　Grunt 运行结果

Grunt 这个工具使用插件机制和 Gruntfile.js 实现了多任务的配置、组合和运行，使用前端开发者熟悉的 JavaScript 文件比 bash 脚本更容易学习和接受。

2. Gulp

Gulp 是后起之秀，它在 Grunt 之后出现，吸取了 Grunt 的优点，并且推出了很多全新的特性，还用上面的例子来比较一下 Grunt 与 Gulp 的不同。

先来安装 Gulp 命令行工具。

```
npm install -g gulp-cli
```

Gulp 也是通过插件机制来完成第三方工具的适配的——通过一个名为 **gulpfile.js 的文件**来完成任务的配置。它的创新之处在于通过流（Stream）的概念来简化多个任务之间的配置和输出，让任务的配置更加简洁和易于上手。如图 1-3 所示为 Gulp 运行结果。

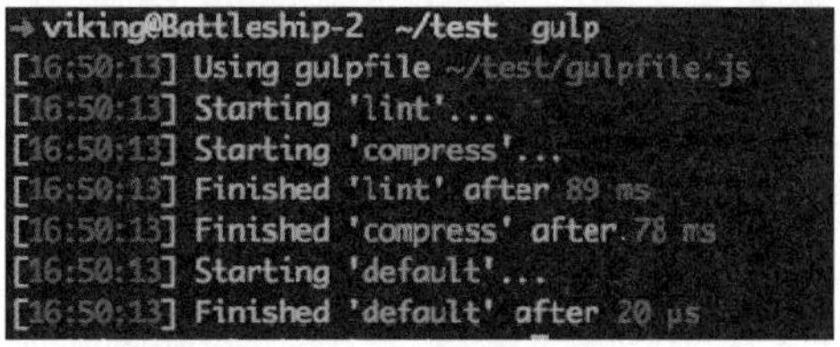

```
→ viking@Battleship-2  ~/test  gulp
[16:50:13] Using gulpfile ~/test/gulpfile.js
[16:50:13] Starting 'lint'...
[16:50:13] Starting 'compress'...
[16:50:13] Finished 'lint' after 89 ms
[16:50:13] Finished 'compress' after 78 ms
[16:50:13] Starting 'default'...
[16:50:13] Finished 'default' after 20 μs
```

图 1-3　Gulp 运行结果

```
//Gulp 主体和两个插件
var gulp = require('gulp');
var jshint = require('gulp-jshint');
var uglify = require('gulp-uglify');
//定义 lint 任务，验证代码，注意 Gulp 采取了 pipe 方法，用流的方法直接往下传递
gulp.task('lint', function() {
  return gulp.src('src/test.js')
    .pipe(jshint())
    .pipe(jshint.reporter('default'));
});
//定义 compress 任务，压缩代码
gulp.task('compress', function() {
  return gulp.src('src/test.js')
    .pipe(uglify())
    .pipe(gulp.dest('build'));
```

```
});
//将 lint 和 compress 组合起来，并新建了一个默认任务
gulp.task('default', ['lint', 'compress']);
```

这样就实现了和 Grunt 相同的结果。可以对比一下这两个工具，发现 Gulp 的配置更简单，并且实现更清晰明了。

经过这两款 Task Runner 的介绍，各位读者应该对这类工具有了粗略的了解，它们可以帮助你更加轻松地配置、管理任务，做到事半功倍。

1.3.3 模块打包工具（Bundler）

1.2 节讲到过组件和模块的发展历程，在之前使用的还是全局命名空间的挂载方式，随着 AMD、CommonJS、ES6 的陆续出现，模块化开发有了更多新的实践，但是由于浏览器环境的特殊性，像 Node.js 中用 require 同步加载的方式无法使用。直到 **browserify** 的出现，打破了这一鸿沟。将浏览器不支持的模块进行编译、转换、合并，并且最后生成的代码可以在浏览器端良好运行的工具，不妨称为 Bundler。

1. browserify

browserify 是先驱者，它使得浏览器端使用 CommonJS 的格式组织代码成为可能。

```
//add.js
module.exports = function (x, y) {
   return x + y;
};
//test.js
var add = require('./add');
console.log(add(1, 2));
//3
```

有了一个简单的模块，可以在另外一个文件导入并且使用。如果要在浏览器中使用，可以用 browserify 来处理。

```
browserify test.js > bundle.js
```

生成的 bundle.js 就是已经处理完毕、可供浏览器使用的文件，只需要插入到<script>标签里面即可。

2．webpack

webpack 是后起之秀，它支持 AMD 和 CommonJS 类型，通过 loader 机制也可以使用 ES6 的模块格式。它通过一个 config 文件，还能提供更加丰富的功能，支持多种静态文件，还有强大的 code splitting，在后面的章节中会详细介绍这个工具。

Bundler 的主要任务是突破浏览器的鸿沟，将各种格式的 JavaScript 代码，甚至是静态文件，进行分析、压缩、合并、打包，最后生成浏览器支持的代码。当然，webpack 也提供了非常丰富的功能，正在向一个全能型的构建工具发展。

第 2 章　webpack

如今，前端项目日益复杂，构建系统已经成为开发过程中不可或缺的一个部分，而模块打包（module bundler）正是前端构建系统的核心。

正如前面介绍到的，前端的模块系统经历了长久的演变，对应的模块打包方案也几经变迁。从最初简单的文件合并，到 AMD 的模块具名化并合并，再到 browserify 将 CommonJS 模块转换成为浏览器端可运行的代码，打包器做的事情越来越复杂，角色也越来越重要。

在这样一个竞争激烈的细分领域中，webpack 以极快的速度风靡全球，成为当下最流行的打包解决方案，并不是偶然。它功能强大、配置灵活，特有的 code spliting 方案正戳中了大规模复杂 Web 应用的痛点，简单的 loader/plugin 开发使它很快拥有了丰富的配套工具与生态。

对多种模块方案的支持与视一切资源为可管理模块的思路让它天然地适合 React 项目的开发，成为 React 官方推荐的打包工具。在本章中将着重介绍 webpack 这个工具的特点与使用，作为接下来使用 webpack 辅助开发 React 项目的准备。

2.1　webpack 的特点与优势

正如前面提到的，打包工具也有不同的开源方案，那么相比其他的流行打包工具，webpack 有着怎样的特点与优势呢？本节将对 RequireJS、browserify 及 webpack 这三者做一个全面的比较。

2.1.1　webpack 与 RequireJS、browserify

首先对三者做一下简要的介绍。

RequireJS 是一个 JavaScript 模块加载器，基于 AMD 规范实现。它同时也提供了对模块进行打包与构建的工具 r.js，通过将开发时单独的匿名模块具名化并进行合并，实现线上页面资源加载的性能优化。这里拿来对比的是由 RequireJS 与 r.js 等一起提供的一个模块化构建方案。开发时的 RequireJS 模块往往是一个个单独的文件，RequireJS 从入口文件开始，递归地进行静态分析，找出所有直接或间接被依赖（require）的模块，然后进行转换与合并，结果大致如下（未压缩）。

```
// bundle.js
define('hello', [], function (require) {
   module.exports = 'hello!';
});
define('say', ['require', 'hello'], function (require) {
   var hello = require('./hello');
   alert(hello);
});
```

browserify 是一个以在浏览器中使用 Node.js 模块为出发点的工具。它最大的特点在于以下两点。

① 对 CommonJS 规范（Node.js 模块所采用的规范）的模块代码进行的转换与包装。

② 对很多 Node.js 的标准 package 进行了浏览器端的适配，只要是遵循 CommonJS 规范的 JavaScript 模块，即使是纯前端代码，也可以使用它进行打包。

webpack 则是一个为前端模块打包构建而生的工具。它既吸取了大量已有方案的优点与教训，也解决了很多前端开发过程中已存在的痛点，如代码的拆分与异步加载、对非 JavaScript 资源的支持等。强大的 loader 设计使得它更像是一个构建平台，而不只是一个打包工具。

2.1.2 模块规范

模块规范是模块打包的基础，我们首先对这三者所支持的模块化方案进行比较。

RequireJS 项目本身是最流行的 AMD 规范实现，格式如下。

```
// hello.js
define(function (require) {
   module.exports = 'hello!';
});
```

AMD 通过将模块的实现代码包在匿名函数（即 AMD 的工厂方法，factory）中实现作用域的隔离，通过文件路径作为天然的模块 ID 实现命名空间的控制，将模块的工厂方法作为参数传入全局的 define（由模块加载器事先定义），使得工厂方法的执行时机可控，也就变相模拟出了同步的局部 require，因而 AMD 的模块可以不经转换地直接在浏览器中执行。因此，在开发时，AMD 的模块可以直接以原文件的形式在浏览器中加载执行并调试，这也成为 RequireJS 方案不多的优点之一。

browserify 支持的则是符合 CommonJS 规范的 JavaScript 模块。不严格地说，CommonJS 可以看成去掉了 define 及工厂方法外壳的 AMD。上述 hello.js 对应的 CommonJS 版本是如下这样的。

```
// hello.js
module.exports = 'hello!';
```

正如我们在前面提到的 define 函数的作用，没有 define 函数的 CommonJS 模块是无法直接在浏览器中执行的——浏览器环境中无法实现同 Node.js 环境一样同步的 require 方法。同样也因为没有 define 与工厂方法，CommonJS 模块书写起来要更简单、干净。在这个显而易见的好处下，越来越多的前端项目开始采用 CommonJS 规范的模块书写方式。

考虑到 AMD 规范与 CommonJS 规范各有各的优点，且都有着可观的使用率，webpack 同时支持这两种模块格式，甚至支持二者混用。而且通过使用 loader，webpack 也可以支持 ES6 module（这一特性在即将到来的 webpack 2 中原生支持），可以说覆盖了现有的所有主流的 JavaScript 模块化方案。通过特定的插件实现 shim 后，在 webpack 中，甚至可以把以最传统全局变量形式暴露的库当作模块 require 进来。

2.1.3　非 javascript 模块支持

在现代的前端开发中，组件化开发成为越来越流行的趋势。将局部的逻辑进行封装，通过尽可能少的必要的接口与其他组件进行组装与交互，可以将大的项目逻辑拆成一个个小的相对独立的部分，减少开发与维护的负担。在传统的前端开发中，页面的局部组成所依赖的各种资源（JavaScript、CSS、图片等）是分开维护的，一个常见的目录组织方式（以 Less 为例对样式代码进行组织）如下。

```
- static/
  - javascript/
    - main.js
    - part-A/
    - ...
  - less/
    - main.less
    - part-A/
    - ...
  - ...
```

这意味着一个局部组件（如 part A）的引入至少需要：

- 在 main.js 中引入（require）part A 对应的 JavaScript 文件。
- 在 main.less 中引入（import）part A 对应的 Less 文件。

如果 part A 需要用到特定的模板，可能还需要在页面 HTML 文件中插入特定 ID 的 template 标签。而引入组件的入口越多，意味着组件内部与外部需要的约定越多，耦合度也越高。因此减少组件的入口文件数，尽可能将其所有依赖进行内部声明，可以提高组件的内聚度，便于开发与维护，这也是模块打包工具支持多种前端资源的意义所在。如上例中，在打包工具支持 Less 资源依赖的引入与合并的情况下，目录结构可以改成：

```
- app/
  - main/
    - index.js
    - index.less
  - part-A/
    - index.js
    - index.less
    - ...
```

```
    - ...
```

part A 的样式实现从 JavaScript 中直接引入。

```
// part-A/index.js
require('./index.less');
```

这样，仅需在 main/index.js 里声明对 part-A/index.js 的依赖，即可实现对组件 part A 的引入。说了这么多，我们来看一下这里提到的 3 个打包方案对非 JavaScript 模块资源的支持情况。

很多人不知道的是，RequireJS 是支持除 AMD 格式的 JavaScript 模块以外的其他类型的资源加载的，而且有着相当丰富的 plugin，从纯文本到模板，从 CSS 到字体等都有覆盖。然而基于 AMD 规范的非 JavaScript 资源加载有着本质的如下缺陷。

- 加载与构建的分离导致 plugin 需要分别实现两套逻辑。
- 浏览器的安全策略决定了绝大多数需要读取文本内容进行解析的静态资源无法被跨域加载（即使是 JavaScript 模块本身，也要依靠 define 方法包裹，类似于 JSONP 原理实现的跨域加载）。

因此在 RequireJS 的方案中，非 JavaScript 模块的资源虽然得到了支持，但支持得并不完善。

browserify 可以通过各种 transform 插件实现不同类型资源的引入与打包。

在 webpack 中，与 browserify 的 transform 相对应的是 loader，但是功能更加丰富。

2.1.4 构建产物

另外一个三者较大的区别在于构建产物。r.js 构建的结果是上述 define(function(){...})的集合。其结果文件的执行依赖页面上事先引入一个 AMD 模块加载器（如 RequireJS 自身），所以常见的 AMD 项目线上页面往往存在两个 JavaScript 文件：loader.js 及 bundle.js。而 browserify 与 webpack 的构建结果都是可以直接执行的 JavaScript 代码。它们也都支持通过配置生成符合特定格式的结果文件，如以 UMD 的形式暴露库的 exports，以便其他页面代码调用。后者的这种形式更加适用于

JavaScript 库（library）的构建。

2.1.5 使用

在使用上，三者也是有较大差异的。

作为 npm 包的 RequireJS 提供了一个可执行的 r.js 工具，通过命令行执行，使用方式如下。

```
npm install -g requirejs
r.js -o app.build.js
```

RequireJS 包也可以作为一个本地的 Node.js 依赖被安装，然后通过函数调用的形式执行打包。

```
var requirejs = require('requirejs');
requirejs.optimize({
    baseUrl: '../appDir/scripts',
    name: 'main',
    out: '../build/main-built.js'
}, function (buildResponse) {
    // success callback
}, function(err) {
    // err callback
});
```

显然，前者使用更简单，而后者更适合需要进行复杂配置的场合。不过 r.js 的可配置项相当有限，其功能也比较简单，仅仅是实现了 AMD 模块的合并，并输出为字符串。如果需要如监视等功能，则需要自己编码实现。

browserify 提供的命令行工具，用法与 r.js 很像，相当简洁。

```
npm install -g browserify
browserify main.js -o bundle.js
```

不过，它通过对大量配置项的支持，使得仅仅通过命令行工具也可以进行较复杂的任务。通过 browserify --help 及 browserify --help advanced 可以查看所有的配置项，覆盖了从输入/输出位置、格式到使用插件等各个方面。

browserify 同样支持直接调用其 Node.js 的 API。

```
var browserify = require('browserify');
var b = browserify();
b.add('./browser/main.js');
b.bundle().pipe(process.stdout);
```

通过调用 browserify 提供的方法，手工实现脚本构建，可以进行更为灵活的配置及精细的流程控制。

webpack 的使用与前两者大同小异，主要也支持命令行工具及 Node.js 的 API 两种使用方式，前者更常用一点，最简单的形式如下。

```
npm install webpack -g
webpack main.js bundle.js
```

不过它的特点是，虽然它会支持部分命令行参数形式的配置项，但是其主要配置信息需要通过额外的文件（默认是 webpack.config.js）进行配置。这个文件只需要是一个 Node.js 模块，且 export 一个 JavaScript 对象作为配置信息。相比命令行参数式配置，这种配置方式更为灵活强大，因为配置文件会在 Node.js 环境中运行，甚至可以在其中 require 其他模块，这样对复杂项目中不同任务的配置信息进行组织变得更容易。例如，可以实现一个 webpack.config.common.js，然后分别实现 webpack.config.dev.js 与 webpack.config.prod.js，用于开发环境与生产环境的构建（通过命令行参数指定配置文件），后两者可以直接通过 require 使用 webpack.config.common.js 中的公共配置信息，并在此基础上添加或修改以实现各自特有的部分。

得益于 webpack 众多的配置项、强大的配置方式以及丰富的插件体系，大多数时候，我们仅仅书写配置文件，然后通过命令行工具就可以完成项目的构建工作。不过，webpack 也提供了 Node.js 的 API，使用也很简单。

```
var webpack = require("webpack");

//返回一个 Compiler 实例
webpack({
    //webpack 配置
}, function(err, stats) {
    //……
```

```
});
```

2.1.6　webpack 的特色

在经过多方面的对比之后，我们能发现，在吸取了各前辈优点的基础上，webpack 几乎在每个方面都做到了优秀。不过除此之外，webpack 还有一些特色功能也是不得不提的。

1．代码拆分（code splitting）方案

对于较大规模的 Web 应用（特别是单页应用），把所有代码合并到单个文件是比较低效的做法，单个文件体积过大会导致应用初始加载缓慢。尤其如果其中很多逻辑只在特定情况下需要执行，每次都完整地加载所有模块就变得很浪费。webpack 提供了代码拆分的方案，可以将应用代码拆分为多个块（chunk），每个块包含一个或多个模块，块可以按需被异步加载。这一特性最早并不是由 webpack 提出的，但 webpack 直接使用模块规范中定义的异步加载语法作为拆分点，将这一特性实现得极为简单易用，下面以 CommonJS 规范为例。

```
require.ensure(["module-a"], function(require) {
    var a = require("module-a");
});
```

如上例，通过 require.ensure 声明依赖 module-a，module-a 的实现及其依赖会被合并为一个单独的块，对应一个结果文件。当执行到 require.ensure 时才去加载 module-a 所在的结果文件，并在 module-a 加载就绪后再执行传入的回调函数。其中的加载行为及回调函数的执行时机控制都由 webpack 实现，这对业务代码的侵入性极小。在真实使用中，需要被拆分出来的可能是某个体积较大的第三方库（延后加载并使用），也可能是一个点击触发浮层的内部逻辑（除非触发条件得到满足，否则不需要加载执行），将这些内容按需地异步加载可以让我们以较小的代价，来极大地提升大规模单页应用的初始加载速度。

2．智能的静态分析

熟悉 AMD 规范的都知道，在 AMD 模块中使用模块内的 require 方法声明依赖

的时候，传入的 moduleId 必须是字符串常量，而不可以是含变量的表达式。原因在于模块打包工具在打包前需要通过静态分析获取整个应用的依赖关系，如果传入 require 方法的 moduleId 是个含变量的表达式，其值需要在执行期才能确定，那么静态分析就无法确认依赖的到底是哪个模块，自然也就没办法把这个模块的代码事先打包进来。如果依赖模块没有被事先打包进来，在执行期再去加载，那么由于网络请求的时间不可忽视，请求时阻塞 JavaScript 的执行也不可行，模块内的同步 require 也就无从实现。

在 Node.js 中，模块文件都是直接从本地文件系统读取，其加载与执行是同步的，因此 require 一个表达式成为可能，在执行到 require 方法时再根据当前传入的 moduleId 进行实时查找、加载并执行依赖模块。然而当 CommonJS 规范被用于浏览器端，如通过 browserify 进行打包，出于与 AMD 模块构建类似的考虑，这一特性也无法被支持。

虽然未能从根本上解决这个问题，webpack 在这个问题上还是尽可能地为开发者提供了便利。首先，webpack 支持简单的不含变量的表达式，如下。

```
require(expr ? "a" : "b");
require("a" + "b");
require("not a".substr(4).replace("a", "b"));
```

其次，webpack 还支持含变量的简单表达式，如下。

```
require("./template/" + name + ".jade");
```

对于这种情况，webpack 会从表达式"./template/" + name + ".jade"中提取出以下信息。

- 目录./template 下。
- 相对路径符合正则表达式：/^.*\.jade$/。

然后将符合以上条件的所有模块都打包进来，在执行期，依据当前传入的实际值决定最终使用哪个模块。

这样的特性平时并不常用，但在一些特殊的情况下会让代码变得更简洁清晰，如下。

```
function render (tplName, data) {
    const render = require('./tpls/' + tplName);
    return render(data);
}
```

作为对比，如果不依赖这样的特性，可能要像下面这样实现。

```
const tpls = {
    'a.tpl': require('./tpls/a.tpl'),
    'b.tpl': require('./tpls/b.tpl'),
    'c.tpl': require('./tpls/c.tpl'),
};

function render (tplName, data) {
    const render = tpls[tplName];
    return render(data);
}
```

一方面，代码变得冗长了；另一方面，当添加新的 tpl 时，不仅需要向./tpls 目录添加新的模板文件，还需要手动维护这里的 tpls 表，这增加了编码时的心理负担。

3．模块热替换（Hot Module Replacement）

在传统的前端开发中，每次修改完代码都需要刷新页面才能让改动生效，并验证改动是否正确。虽然像 LiveReload 这样的功能可以帮助我们自动刷新页面，但当项目变大时，刷新页面往往要耗时好几秒，只有等待页面刷新完成才能验证改动。而且有些功能需要经过特定的操作、应用处于特定状态时才能验证，刷新完页面后还需要手动操作并恢复状态，较为烦琐。针对这一问题，webpack 提供了模块热替换的能力，它使得在修改完某一模块后无须刷新页面，即可动态将受影响的模块替换为新的模块，在后续的执行中使用新的模块逻辑。

这一功能需要配合修改 module 本身，但一些第三方工具已经帮我们做了这些工作。如配合 style-loader，样式模块可以被热替换；配合 react-hot-loader，可以对 React class 模块进行热替换。

配置 webpack 启用这一功能也相当简单，通过参数--hot 启动 webpack-dev-server 即可。

```
webpack-dev-server --hot
```

为了准确起见，需要说明的是，虽然这里说模块热替换是 webpack 的特色功能，但是有人借鉴 webpack 的方案，实现了插件 browserify-hmr，这让 browserify 也支持了模块热替换这一特性。

2.1.7 小结

除了上面介绍过的，业界还有一些其他的打包方案，如 rollup、jspm 提供的 bundle 工具等，不过它们或者还不够成熟，或者缺乏特点，所以没有在这里介绍。本节主要选取了 3 个相对成熟、主流的模块打包工具进行了比较，webpack 在功能、使用等方面均有一定的优势，且提供了一些很有用的特色功能，说它是目前最好的前端模块打包工具并不为过，这也正是越来越多的前端项目选择使用 webpack 的原因。此外，考虑到 React 官方也推荐使用 webpack，本书中介绍的 React 开发项目将全部使用 webpack 进行构建。

2.2 基于 webpack 进行开发

2.2.1 安装

webpack 是使用 Node.js 开发的工具，可以通过 npm 进行安装。npm 是 Node.js 的包管理工具，在这里我们首先需要确保 Node.js 的运行环境及已安装了 npm（安装过程可参考 Node.js 官网），然后通过 npm 进行 webpack 的安装。

```
npm install webpack -g
```

这个命令会默认安装 webpack 最新的稳定版本。本书示例中所使用的为 webpack@1.12.14。读者也可以在安装时指定版本为 1.12.14，以确保与书中保持一致的运行结果，如下。

```
npm install webpack@1.12.14 -g
```

大部分情况下需要以命令行工具的形式使用 webpack，所以我们这里将它安装在全局（-g），方便使用。有时候会希望编写自己的构建脚本，或是由项目指定需要依赖的 webpack，在这种情况下将 webpack 安装到本地会更合适。对前端项目来说，webpack 扮演的是构建工具的角色，并不是代码依赖，应该被安装在 dev-dependencies 中，即：

```
npm install webpack --save-dev
```

在这里，采用第一种方式即可。

本章最终完成的示例代码都在 https://github.com/vikingmute/webpack-react-codes/tree/master/chapter2，读者阅读时可以进行参考。

2.2.2　Hello world

在这个示例中，将使用 webpack 构建一个简单的 Hello world 应用。应用包括两个 JavaScript 模块（完整代码见 chapter2/part1/）。

1. 生成文本“Hello world! ”的 hello 模块（hello.js）。

```
module.exports = 'Hello world!';
```

2. 打印文本的 index 模块（index.js）。

```
var text = require('./hello');
console.log(text);
```

页面内容（index.html）很简单。

```
<!DOCTYPE html>
<html>
<head>
   <meta charset="utf-8">
   <title>hello</title>
</head>
<body>
   <script src="./bundle.js"></script>
</body>
</html>
```

需要注意的是，index.html 中引用的 bundle.js 并不存在，它就是我们使用 webpack 将会生成的结果文件。

现在我们的目录结构是如下这样的。

```
- index.html
- index.js
- hello.js
```

我们知道，如果在 index.html 中直接引用 index.js，代码是无法正常执行的，因为上面的代码是按照 CommonJS 的模块规范书写的，浏览器环境并不支持。那么基于 webpack 的做法是什么呢？其实很简单，一行命令就够了。

```
webpack ./index.js bundle.js
```

这个命令会告诉 webpack 将 index.js 作为项目的入口文件进行构建，并将结果输出为 bundle.js。然后就可以看到在当前目录下新增了一个文件 bundle.js，现在在浏览器中打开 index.html，bundle.js 会被加载进来并执行，控制台打印出“Hello world!”。

下面通过查看 bundle.js 的内容来分析一下 webpack 所施展的魔法到底是怎么一回事。

```
/******/ (function(modules) { // webpackBootstrap
/******/   // module 缓存对象
/******/   var installedModules = {};

/******/   // require 函数
/******/   function __webpack_require__(moduleId) {

/******/       // 检查 module 是否在 cache 中
/******/       if(installedModules[moduleId])
/******/           return installedModules[moduleId].exports;

/******/       // 新建一个 module 并且放入 cache 中
/******/       var module = installedModules[moduleId] = {
/******/           exports: {},
/******/           id: moduleId,
/******/           loaded: false
/******/       };

/******/       // 执行 module 函数
/******/       modules[moduleId].call(module.exports, module,
module.exports, __webpack_require__);

/******/       // 标记 module 已经加载
```

```
/******/        module.loaded = true;

/******/        // 返回 module 的导出模块
/******/        return module.exports;
/******/    }


/******/    // 暴露 modules 对象(__webpack_modules__)
/******/    __webpack_require__.m = modules;

/******/    // 暴露 modules 缓存
/******/    __webpack_require__.c = installedModules;

/******/    // 设置 webpack 公共路径__webpack_public_path__
/******/    __webpack_require__.p = "";

/******/    // 读取入口模块并且返回 exports 导出
/******/    return __webpack_require__(0);
/******/ })
/************************************************************************/
/******/    // webpackBootstrap 传入的参数是一个数组
/******/ ([
/* 0 */    // index.js 模板的工厂方法
/***/ function(module, exports, __webpack_require__) {

    var text = __webpack_require__(1);
    console.log(text);


/***/ },
/* 1 */    // hello.js 模块的工厂方法
/***/ function(module, exports) {

    module.exports = 'Hello world!';


/***/ }
/******/ ]);
```

整段代码的结构是一个立即执行函数表达式（IIFE），这是 JavaScript 中常见的独立作用域的方法。上段代码的匿名函数的定义旁有个注释 webpackBootstrap，这里我们就将这个函数称为 webpackBootstrap。

暂且不管 webpackBootstrap 的内部做了什么，先来看一下它的参数，webpackBootstrap 接收一个参数 modules，在函数最下面的注释中，我们看到实参是一个数组，数组的每一项都是一个匿名函数，分别定义在最后两个特定注释的地方。不难发现，这两个匿名函数的内容分别对应了刚才定义的两个模块 index 及 hello。

值得注意的是，在构建命令中只指定了 index 模块所对应的 JavaScript 文件，webpack 通过静态分析语法树，递归地检测到了所有依赖模块，以及依赖的依赖，并合并到最终的代码中。

这里的匿名函数称为工厂方法（factory），即运行就可以得到模块的方法，就像一个生产特定模块的工厂一样。如果你了解过 AMD 模块或 Node.js 中 CommonJS 模块运行的机制，你应该不会对这种将代码包装成工厂方法的做法感到陌生。模块代码被包装成函数之后，其运行时机变得可控，而且也拥有了独立的作用域，定义变量、声明函数都不会污染全局作用域。不过如果你细心的话，就不难发现工厂方法的内部代码与实现的模块源代码还是有区别的。require("./hello") 这个表达式被替换成了__webpack_require__(1)，对应地，工厂方法的参数列表中除了 CommonJS 规范所要求的 module 与 exports 外还包含了__webpack_require__，即用来替换 require 的方法。__webpack_require__提供的功能与 require 是一致的：声明对其他模块的依赖并获得该模块的 exports。不同之处在于__webpack_require__不需要提供模块的相对路径或其他形式的 ID，直接传入该模块在 modules 列表中的索引值即可。

那么这个替换有什么好处呢？首先，我们知道，CommonJS 中的 require 方法接收一个模块标识符（module identifier）作为参数，而模块标识符有以下两种形式。

- .或..开头的相对 ID（Relative ID），如./hello。
- 非.或..开头的顶级 ID（Top-Level ID），如 hello。

而不管是哪种形式，文件的“.js”后缀名都是可选省略的。也就是说，在指定了根目录（如这里指定 index.js 与 hello.js 所在的目录）的情况下，index 模块依赖 hello 模块有以下 4 种写法。

- require('./hello')
- require('./hello.js')
- require('hello')

- require('hello.js')

然而，这 4 种写法所指向的 hello 模块是同一个，从模块标识符到真实模块映射关系的实现被称为模块标识符的解析（resolve）过程。而使用__webpack_require__的好处在于，其接收的参数（数组 modules 中的索引值）与真实模块的实现是一一对应的，也就省掉了模块标识符的解析过程（准确地说，是把解析过程提前到了构建期），从而可以获得更好的运行性能。

然后，来看一下让我们的代码真正拥有了在浏览器环境中执行能力的函数 webpackBootstrap。这里的 Bootstrap 跟 UI 框架 Bootstrap 没什么关系，计算机领域中常用来表达引导程序的意思，如操作系统的启动过程。同样地，webpackBootstrap 函数是整个应用的启动程序。

首先，它通过参数 modules 获取到所有模块的工厂方法，接着在此基础上构造了__webpack_require__方法。__webpack_require__就是刚才提到的会传递给模块的工厂方法，用于加载指定模块的方法。加载模块的过程很简单，从 modules 数组中获得指定索引值所对应的项（即指定模块的工厂方法），构造一个空的 module，作为参数调用工厂方法。工厂方法的执行结果会体现在 module.exports 上，返回该内容即可。这边通过 installedModules 缓存了模块工厂方法的执行结果，确保了每个模块的实现代码只会执行一次，后续的调用会直接返回已缓存的结果。

构造完__webpack_require__之后，在之后直接使用这个方法执行了入口模块（webpack 构建时，会将入口模块放在数组 modules 的第 1 项）。至此，应用的引导启动便完成了。入口模块内部会继续通过传入的__webpack_require__方法执行其依赖的模块，整个应用便运行了起来。

总结一下的话，webpack 主要做了两部分工作，如下。

- 分析得到所有必需模块并合并。
- 提供了让这些模块有序、正常执行的环境。

2.2.3　使用 loader

通过最简单的 Hello world 应用，我们大概了解了 webpack 基本的使用与工作原理。在这一点上，各模块打包工具基本都是一致的，下面将进一步了解 webpack 的一些特别而强大的功能。首先要介绍的就是 loader。下面将借助 webpack 的官方文档的来定义一下 loader。

```
    Loaders are transformations that are applied on a resource file of your app.
They are functions (running in node.js) that take the source of a resource file
as the parameter and return the new source.
```

翻译一下，“loader 是作用于应用中资源文件的转换行为。它们是函数（运行在 Node.js 环境中），接收资源文件的源代码作为参数，并返回新的代码。”举个例子，你可以通过 jsx-loader 将 React 的 JSX 代码转换为 JS 代码，从而可以被浏览器执行。

在本节中，将以前端开发的另一个主要开发内容 CSS 为例，介绍一下 loader 的功能与使用（完整代码见 chapter2/part2/）。在 webpack 中，每个 loader 往往表现为一个命名为 xxx-loader 的 npm 包，针对特定的资源类型（xxx）进行转换。而为了将 CSS 资源添加到项目中，下面要介绍两个 loader：style-loader 与 css-loader。前者将 CSS 代码以<style>标签的形式插入到页面上从而生效；后者通过检查 CSS 代码中的 import 语句找到依赖并合并。大部分情况下，我们将二者搭配使用。首先要安装这两个 loader 对应的 npm 包（你需要先在该目录下添加 package.json 文件或通过 npm init 自动生成）。

```
npm install style-loader css-loader --save-dev
```

接着创建一个简单的 CSS 文件 index.css。

```
div {
   width: 100px;
   height: 100px;
   background-color: red;
}
```

我们在入口文件 index.js 中通过 require 方法引入 index.css。

```
index.js:
require('style!css!./index.css');
document.body.appendChild(document.createElement('div'));
```

注意这里的 style!css!，类似 xxx!这样的写法是为了指定特定的 loader。这里是告诉 webpack 使用 style-loader 及 css-loader 这两个 loader 对 index.css 的内容进行处理。

然后在页面上创建一个 div 元素，以验证在 index.css 中编写的样式是否生效。

然后同样执行以下命令。

```
webpack ./index.js bundle.js
```

得到结果文件后，在页面中引入 bundle.js，在浏览器中打开页面即可看到效果。

与常规的前端开发不同的是，我们的页面上最终并没有插入<link>标签，结果文件中也没有 CSS 文件，却通过引入一个 JS 文件实现了样式的引入。这正是 webpack 的特点之一，任何类型的模块（资源文件），理论上都可以通过被转化为 JavaScript 代码实现与其他模块的合并与加载。webpack 官网的这张图（如图 2-1 所示）也很好地体现了这一点。

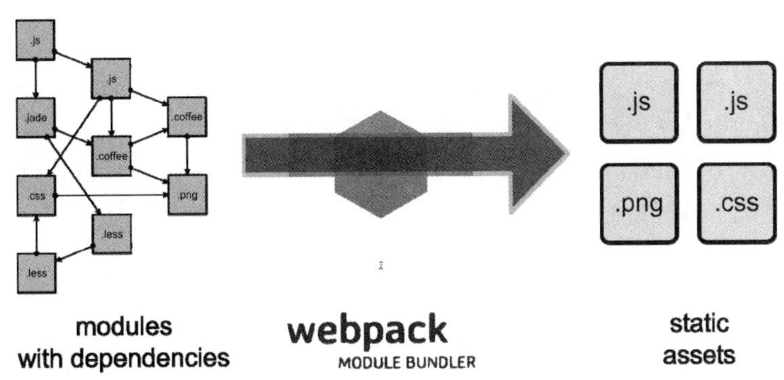

图 2-1　什么是 webpack

正如前面所述，这里通过 JavaScript 加载 CSS 是借助了 style-loader 的能力（将 CSS 代码以<style>标签的形式插入到页面，标签内容通过 JavaScript 生成）。与传统的页面直接插入标签相比，该方法也存在着不可忽视的缺陷：样式内容的生效时间被延后。

如果遵循常见的前端页面性能优化建议，一般会把<link>插入在页面的<head>中，而把<script>放在<body>的最后，这样在文档被解析到<head>的时候，样式文件就会被下载并解析，JavaScript 内容则会被延后到整个文档几乎被解析完成时才被加载与执行。在现在的做法中，样式内容其实是与 JavaScript 内容一起加载的，它的插入与解析甚至会被延后到 JavaScript 内容的执行期。相比前者，生效时间不可避免地会晚很多，因而如果页面上本来就有内容，这部分内容会有一个短暂的无样式的瞬间，用户体验很不好。

当然，这个缺陷是可以避免的。借助 extract-text-webpack-plugin 这个插件，webpack 可以在打包时将样式内容抽取并输出到额外的 CSS 文件中，然后在页面中直接引入结果 CSS 文件即可。插件（plugin）在 webpack 的使用中是另一个很重要的概念，我们将在后面详细介绍 webpack 的插件及其使用。

2.2.4 配置文件

2.2.3 节介绍了使用 webpack 及其 loader 进行前端代码构建的方法，然而它还不够简单。

- 每次构建都需要指定项目的入口文件（./index.js）与构建输出文件（bundle.js）。
- 使用 loader 需要以 xxx!的形式指定，意味着每个有 require CSS 资源的地方，都需要写成如下形式。

```
require('style!css!./index.css');
```

作为天生厌倦重复劳动的程序员，我们有没有办法把这些事做得更优雅一点呢？答案就是本节的内容。

本节将介绍如何通过配置文件的形式对 webpack 的构建行为进行配置（完整代码见 chapter2/part3/），这也是 webpack 与 RequireJS、browserify 等相比一个很便利的特性。

webpack 支持 Node.js 模块格式的配置文件，默认会使用当前目录下的 webpack.config.js，配置文件只需要 export 的一个配置信息对象即可，形式如下。

```
module.exports = {
    // configuration
};
```

首先将以 2.2.3 节内容为例，介绍一些配置文件的编写及使用。一个最简单的配置信息对象包含以下信息。

- entry 项目的入口文件。
- output 构建的输出结果描述。本身是一个对象，包括很多字段，比较重要的如下。
  - path：输出目录。
  - filename：输出文件名。
  - publicPath：输出目录所对应的外部路径（从浏览器中访问）。

其中 publicPath 是一个很容易被忽略但是很重要的配置，它表示构建结果最终被真正访问时的路径。一个常见的前端构建上线过程是这样的：配置构建输出目录为 dist，构建完成后对 dist 目录进行打包，然后将其内容（结果文件往往会不止一个）发布到 CDN 上。比如其中的 dist/bundle.js，假设它最终发布的线上地址为 http://cdn.example.com/static/bundle.js，则这里的 publicPath 应当取输出目录（dist/）所对应的线上路径，即 http://cdn.example.com/static/。在我们的演示项目中，直接通过相对路径访问静态资源，不涉及打包上线 CDN 的过程，故不做配置。

所以对于先前的例子，我们的配置文件是以下这样的（webpack.config.js）。

```
var path = require('path');
module.exports = {
    entry: path.join(__dirname, 'index'),
    output: {
            path: __dirname,
            filename: 'bundle.js'
    },
    module: {
        loaders: [
            {
                test: /\.css$/,
                loaders: ['style', 'css']
            }
        ]
    }
};
```

其中 module 字段是上面没有介绍到的，module.loaders 是对于模块中的 loader 使用的配置，值为一个数组。数组的每一项指定一个规则，规则的 test 字段是正则表达式，若被依赖模块的 ID 符合该正则表达式，则对依赖模块依次使用规则中 loaders

字段所指定的 loader 进行转换。在这里，我们配置了对所有符合/\.css$/，即后缀名为.css 的资源使用 style-loader 与 css-loader，这样的话在 JavaScript 代码中 require CSS 模块的时候就不用每次都写一遍 style!css!了，只需要像依赖 JavaScript 模块一样写成：

```
require('./index.css');
```

这样每次构建的时候也不需要手动指定入口文件与输出文件了，直接在项目目录下执行：

```
webpack
```

webpack 会默认从 webpack.config.js 中获取配置信息，并执行构建过程，是不是方便很多呢？

2.2.5 使用 plugin

除了 loader 外，plugin（插件）是另一个扩展 webpack 能力的方式。与 loader 专注于处理资源内容的转换不同，plugin 的功能范围更广，也往往更为灵活强大。plugin 的存在可以看成是为了实现那些 loader 实现不了或不适合在 loader 中实现的功能，如自动生成项目的 HTML 页面（HtmlWebpackPlugin）、向构建过程中注入环境变量（EnvironmentPlugin）、向块（chunk）的结果文件中添加注释信息（BannerPlugin）等。

1. HtmlWebpackPlugin

webpack 内置了一些常用的 plugin，如上面提到的 EnvironmentPlugin 及 BannerPlugin，更多第三方的 plugin 可以通过安装 npm 包的形式引入，如 HtmlWebpackPlugin 对应的 npm 包是 html-webpack-plugin。这里就以 HtmlWebpackPlugin 为例介绍一下 webpack plugin 的使用。

在前面 Hello world 的示例中，我们看到，因为逻辑均实现在 JavaScript 中，页面（index.html）的实现中基本没有逻辑，除了提供一个几乎为空的 HTML 结构外，引入了将要被构建生成的结果文件 bundle.js。一方面，bundle.js 是在 webpack.config.js 中配置的 output.filename 的值，在这里直接取固定值不方便后续维护；另一方面，为了充分利用浏览器缓存，提高页面的加载速度，在生产环境中常常会向静态文件的文件名添加 MD5 戳，即使用 bundle_[hash].js 而不是 bundle.js，这里的[hash]会在构建时被该 chunk 内容的 MD5 结果替换，以实现内容不变则文件名不变，内容改变导致文件名改变。在这样的情况下，在 HTML 页面中给定结果文件的路径就变得不太现实。而 HtmlWebpackPlugin 正是为了解决这一问题而生，它会自动生成一个几乎为空的 HTML 页面，并向其中注入构建的结果文件路径，即使路径中包含动态的内容，如 MD5 戳，也能够完美处理。

了解了 HtmlWebpackPlugin 的能力，下面来将它引入到先前的项目中（完整代码见 chapter2/part4/）。

2. 安装 plugin

前面介绍到，webpack 会内置一部分 plugin，想要使用这些 plugin，不需要额外安装，直接使用即可。

```
var webpack = require('webpack');
webpack.BannerPlugin;   //这样就可以直接获取 BannerPlugin
```

但是，这里介绍的 HtmlWebpackPlugin 并不是内置 plugin，它在 npm 包 html-webpack-plugin 中实现，因此，首先需要安装这个包（这里使用的是 1.7.0 版本，注意对不同版本的包 html-webpack-plugin，其用法与配置格式可能会不一致）。

```
npm i html-webpack-plugin@1.7.0 --save-dev
```

安装完成后，在 webpack.config.js 中就可以获取这个插件了。

```
var HtmlWebpackPlugin = require('html-webpack-plugin');
```

3. 配置 plugin

接下来是让 webpack 使用 HtmlWebpackPlugin，并对其行为进行配置。plugin 相关配置对应 webpack 配置信息中的 plugins 字段，它的值要求是一个数组，数组的每一项为一个 plugin 实例。

```
var path = require('path');
var HtmlWebpackPlugin = require('html-webpack-plugin');
```

```
module.exports = {
    entry: path.join(__dirname, 'index'),
    output: {
        path: __dirname,
        filename: 'bundle.js'
    },
    module: {
        loaders: [
            {
                test: /\.css$/,
                loaders: ['style', 'css']
            }
        ]
    },
    plugins: [
        new HtmlWebpackPlugin({
            title: 'use plugin'
        })
    ]
};
```

我们看到，我们创造了一个 HtmlWebpackPlugin 实例，并将其添加进了配置信息的 plugins 字段。在实例化时，传入了{title:'use plugin'}，这是传递给 HtmlWebpackPlugin 的配置信息，它告诉 HtmlWebpackPlugin 给生成的 HTML 页面设置<title>的内容为 use plugin。这样，原来的 index.html 就可以删除了。在构建完成后，这个插件会自动在 output 目录（在这里即当前目录）下生成文件 index.html。

再次执行构建命令 webpack，便可以看到效果。

2.2.6 实时构建

与 RequireJS 的小文件开发方式相比，基于 browserify 与 webpack 的开发方式多出了构建的步骤。如果每一次小的改动都要手动执行一遍构建才能看到效果，开发会变得非常烦琐。监听文件改动并实时构建的能力成为新一代打包工具的标配。在 webpack 中，通过添加--watch 选项即可开启监视功能，webpack 会首先进行一次构建，然后依据构建得到的依赖关系，对项目所依赖的所有文件进行监听，一旦发生改动则触发重新构建。命令也可以简写成如下形式。

```
webpack -w
```

除了 watch 模式外，webpack 还提供了 webpack-dev-server 来辅助开发与调试。webpack-dev-server 是一个基于 Express 框架的 Node.js 服务器。它还提供了一个客户端的运行环境，会被注入到页面代码中执行，并通过 Socket.IO 与服务器通信。这样，服务器端的每次改动与重新构建都会被通知到页面上，页面可以随之做出反应。除了最基本的自动刷新，还提供有如模块热替换（Hot Module Replacement）这样强大的功能。

使用 webpack-dev-server 需要额外安装 webpack-dev-server 包。

```
npm install webpack-dev-server -g
```

然后启动 webpack-dev-server 即可。

```
webpack-dev-server
```

webpack-dev-server 默认会监听 8080 端口，因此直接在浏览器里打开 http://localhost:8080，即可看到结果页面。

对于 webpack-dev-server 的配置，既可以通过命令行参数的形式传递，也可以通过在 webpack.config.js 的 export 中添加字段 devServer 实现。详细的使用可以参考 webpack 的官方文档，这里就不做赘述了。

第 3 章　初识 React

React 是 Facebook 推出的一个 JavaScript 库，它的口号就是**“用来创建用户界面的 JavaScript 库”**，所以它只是和用户的界面打交道，你可以把它看成 MVC 中的 V（视图）这一层。现在前端领域各种框架和库层出不穷，那么是什么原因让 React 如此流行呢？在本章中，我们会探索 React 非同寻常的特色。

简单来说，它有三大颠覆性的特点。

1. 组件

React 的一切都是基于组件的。Web 世界的构成是基于各种 HTML 标签的组合，这些标签天生就是语义化组件的表现，还有一些内容是这些标签的组合，比如说一组幻灯片、一个人物简介界面、一组侧边栏导航等，可以称之为自定义组件。React 最重要的特性是基于组件的设计流程。使用 React，你唯一要关心的就是构建组件。组件有着良好的封装性，组件让代码的复用、测试和分离都变得更加简单。各个组件都有各自的状态，当状态变更时，便会重新渲染整个组件。组件特性不仅仅是 React 的专利，也是未来 Web 的发展趋势。React 顺应了时代发展的方向，所以它如此流行也就变得顺其自然。

一个组件的例子如下。

```
//Profile.jsx
import React from 'react';
```

```
export default Class Profile extends React.Component {
  render() {
    return (
      <div className="profile-component">
        <h2>Hi, I am {this.props.name}</h2>
      </div>
    )
  }
}
```

用这种方式，就实现了一个 React 的组件，在其他的组件中，可以像 HTML 标签一样引用它。

```
import Profile from './profile';

export default function(props) {
  return (
    <Profile />
  )
}
```

2．JSX

通过上面的例子可以看出，在 render 方法中有一种直接把 HTML 嵌套在 JS 中的写法，它被称为 JSX。这是一种类似 XML 的写法，它可以定义类似 HTML 一样简洁的树状结构。这种语法结合了 JavaScript 和 HTML 的优点，既可以像平常一样使用 HTML，也可以在里面嵌套 JavaScript 语法。这种友好的格式，让开发者易于阅读和开发。而且，对于组件来说，直接使用类似 HTML 的格式，也是非常合理的。但是，需要注意的是。JSX 和 HTML 完全不是一回事，JSX 只是作为编译器，把类似 HTML 的结构编译成 JavaScript。

当然，在浏览器中不能直接使用这种格式，需要添加 JSX 编译器来完成这项工作。

3．Virtual DOM

在 React 的设计中，开发者不太需要操作真正的 DOM 节点，每个 React 组件都是用 Virtual DOM 渲染的，它是一种对于 HTML DOM 节点的抽象描述，你可以把它看成是一种用 JavaScript 实现的结构，它不需要浏览器的 DOM API 支持，所以它在 Node.js 中也可以使用。它和 DOM 的一大区别就是它采用了更高效的渲染方式，组件的 DOM 结构映射到 Virtual DOM 上，当需要重新渲染组件时，React 在 Virtual DOM 上实现了一个 Diff 算法，通过这个算法寻找需要变更的节点，再把里面的修改更新到实际需要修改的 DOM 节点上，这样就避免了整个渲染 DOM 带来的巨大成本。

React 改变了传统前端开发的固定模式，当然还有 React Native，把它的魔力扩展到 Web 应用以外。在下面的章节里，会根据这三大特性做详细的讲解。

3.1 使用 React 与传统前端开发的比较

凡事都有动机，在开始使用 React 之前，首先要搞清楚一件事：React 到底给前端开发带来了什么改变，是什么支撑我们接受这样一个新事物的学习成本，把它的方案引入到工作中。

为了回答这些问题，我们决定从一个前端工程师的日常出发。

首先，以一个可选列表（单选）为例，列表由多个列表项组成，每个列表项有选中状态和普通状态，单击某项则选中该项。最多可选中一项，即选中某项后先前的选中项变回普通状态。

3.1.1 传统做法

下面使用传统的方式来实现这个列表的逻辑。

```
// 列表容器
const wrapper = $('#list-wrapper');

// 列表所需数据
const data: {
   list: [1, 2, 3],
   activeIndex: -1
};

// 初始化行为
```

```
function init () {
    wrapper.on('click', 'li', function () {
        activate($(this).data('index'));
    });
    wrapper.html(template.render(data))
}

// 选中某项的行为
function activate (index) {
    wrapper.find('li').removeClass('active');
    wrapper.find('li[data-index=' + index + ']').addClass('active');
    data.activeIndex = index;
}
```

下面是模板的内容。

```
<ul>
    {{ each list item index }}
        {{ if index === activeIndex }}
            <li data-index="{{index}}" class="active">{{item}}</li>
        {{ else }}
            <li data-index="{{index}}">{{item}}</li>
        {{ /if }}
    {{ /each }}
</ul>
```

列表组件的数据包含两部分：list 及 activeIndex。list 是列表内容，activeIndex 是当前选中项的索引。初始化（init）的时候，使用 data 渲染模板来产生原始 DOM。在后续的交互中，每次单击列表项都触发一次选中（activate），activate 方法会移除其他项的 active 状态，并给本次选中的项添加 active 状态，它同时也会更新 activeIndex 信息，使其与 DOM 元素的表现相符。

这是一种很常见的做法，尤其在许多比本例复杂得多的组件实现中很常见。我们习惯于以这种方式实现 UI 组件，而忽略了它严重的缺陷：需要同时维护数据及视图。模板引擎帮助我们解决了初始状态下二者的对应关系，即初始化时给出一个合理的数据就行了，视图会被自动（通过模板渲染）生成。然而，在组件状态变化时，它们依然是需要被各自维护的。

对此，一般的 MVVM 框架的做法是，通过对模板的分析获取数据与视图元素

（DOM 节点）细致而具体的对应关系，然后对数据进行监控，在数据变化时更新对应的视图元素。然而，传统的流行模板基本都是通用模板，渲染仅仅是文本替换的过程，在语法上不足以支持 MVVM 的需求，因此一般的 MVVM 框架都会在 HTML 的基础上扩展得到一套独特的模板语法，使用自定义的指令（Directive）进行逻辑的描述，从而使得这部分逻辑可以被解析并复用。

独特的语法和丰富的指令同时也成为 MVVM 的门槛之一，我们可不可以不学习这些，也能得到复用“数据生成视图”逻辑的效果呢？其实有一个简单（然而问题很大）的做法。

3.1.2 全量更新

下面对先前的实现稍做改动。

```
const wrapper = $('#list-wrapper');

const data: {
  list: [1, 2, 3],
  activeIndex: -1
};

function render () {
  wrapper.html(template.render(data))
}

function init () {
  wrapper.on('click', 'li', function () {
    activate($(this).data('index'));
  });
  render();
}

function activate (index) {
  data.activeIndex = index;
  render();
}
```

可以看到，把初始化时渲染的逻辑单独抽出为 render 方法，除在 init 时调用外，在选中某项（或任意的状态变更）时、更新数据后，同样可以通过直接调用 render 方法进行视图的更新。

模板本身就是一份“数据生成视图”的逻辑。这份逻辑得到复用的时候，只需要维护数据，每次数据发生变化时，渲染一下就能更新视图。如果对数据本身进行监听，这个行为甚至可以自动化完成。对于开发用户界面应用，这实在是一个再自然不过的做法，逻辑清晰，更容易被理解与维护。

然而，这只是一个再简单不过的 Demo，在真实的业务中，这么做的缺陷比第一种做法更突出：① 每次数据变动都要整体重新渲染，性能会非常差，尤其在数据变动频繁、界面复杂时；② 每次渲染都重新生成所有的 DOM 节点，那么在这些 DOM 节点上绑定的事件及外部持有的对这些 DOM 节点的引用都将失效。

那么可不可以既享受第二种做法带来的逻辑实现上的优势，又避开它的缺陷呢？答案是 React。

3.1.3　使用 React

如果用 React 把这个例子重新实现一遍的话，它可能是如下这样的（为了清晰简单，这里把 list 也放在组件的 state 中，在实际的实现中，通过 props 将 list 传入组件会更合适）。

```
class List extends React.Component {
   constructor(props) {
      super(props);
      this.state = {
         list: [1, 2, 3],
         activeIndex: -1
      };
   }
   activate(index) {
      this.setState({ activeIndex: index });
   }
   render() {
      const { list, activeIndex } = this.state;
      const lis = list.map(
         (item, index) => {
```

```
                const cls = index === activeIndex ? 'active' : '';
                return (
                    <li
                        key={index}
                        className={cls}
                        onClick=>{() => this.activate(index)}>
                    </li>
                )
            );
            return (
                <ul>{lis}</ul>
            );
        }
    }
```

不难看出，除了 React 特有的 Component 接口、字段及 JSX 语法等，在基于 React Component 的实现中，整体逻辑组成与第二个例子是类似的：首次渲染通过 render 得到界面，每个 li 的点击触发 activate 方法，activate 方法调用 setState 更新状态信息，setState 会触发重新 render（React 提供了这一机制），从而使界面得到更新。

那么刚才的两个缺点是怎么解决的呢？

在具体分析之前，首先要说明一点：JSX 内容的渲染结果其实不是真实的 DOM 节点，本质上是 JavaScript 对象的虚拟 DOM 节点，它记录了这个节点的所有信息，可以依据一定的规则生成对应的真实 DOM 节点。

1. 性能问题

我们知道前端的性能瓶颈大多数时候都在于操作 DOM，所以如果避开操作 DOM，只是重新生成虚拟的 DOM 节点（JavaScript 对象），本身是很快的。在将虚拟的 DOM 对应生成真实 DOM 节点之前，React 会将虚拟的 DOM 树与先前的进行比较（Diff），计算出变化的部分，再将变化的部分作用到真实 DOM 上，实现最终界面的更新。得益于 Diff 算法的高效，整个过程的代价大致接近于最终操作真实 DOM 的代价，即与最初的示例很接近了。二者的区别在于，React 以额外的计算量换取了对于更新点的自动定位，以框架本身复杂的代码实现换取了业务代码逻辑的清晰简单。

2. DOM 事件与引用失效

在 React 的哲学里，直接操作 DOM 是典型的反模式。React 对 DOM 事件进行了封装并提供了相应的接口。值得注意的是，React 提供的事件绑定接口与其界面声明方式是一脉相承的，事件绑定表现为，值为回调函数的组件属性（props）。这样的好处是，绑定事件的过程自然地变成了界面渲染（render）的一部分，无须特别处理。

在事件绑定与读/写操作都被 React 通过抽象层屏蔽后，业务代码基本无须接触真实 DOM，需要持有引用的场景自然也不复存在，引用失效也就无从说起。

3.1.4　小结

最后总结一下，React 的出现允许我们以简单粗暴的方式构建我们的界面：仅仅声明数据到视图的转换逻辑，然后维护数据的变动，自动更新视图。它看起来很像每次状态更新时，都需要整体地更新一次视图，但 React 的抽象层避免了这一做法带来的弊端，让这一开发方式变得可行。

3.2　JSX

3.2.1　来历

下面这一段是官方文档中的引用，它可以解释 JSX 这种写法诞生的初衷。

```
    We strongly believe that components are the right way to separate concerns
rather than "templates" and "display logic." We think that markup and the code that
generates it are intimately tied together. Additionally, display logic is often
very complex and using template languages to express it becomes cumbersome.
```

多年以来，在传统的开发中，把模板和功能分离看作是最佳事件的完美例子，翻阅形形色色的框架文档，总有一个模板文件夹里面放置了对应的模板文件，然后通过模板引擎处理这些字符串，来生成把数据和模板结合起来的字符。而 React 认为世界是基于组件的，组件自然而然和模板相连，把逻辑和模板分开放置是一种笨重的思路。所以，React 创造了一种名为 JSX 的语法格式来架起它们之间的桥梁。

3.2.2 语法

1. JSX 不是必需的

JSX 编译器把类似 HTML 的写法转换成原生的 JavaScript 方法，并且会将传入的属性转化为对应的对象。它就类似于一种语法糖，把标签类型的写法转换成 React 提供的一个用来创建 **ReactElement** 的方法。

```
    const MyComponent;
    //input JSX，在 JS 中直接写类似 HTML 的内容，前所未有的感觉。其实它返回的是一个
//ReactElement
    let app = <h1 title="my title">this is my title</h1>;
    //JSX 转换后的结果
    let app = React.createElement('h1', {title: 'my title'}, 'this is my title');
```

2. HTML 标签与 React 组件

React 可以直接渲染 HTML 类型的标签，也可以渲染 React 的组件。

React 组件会在下面几章详细解释，这里读者可以把它看作一个特殊的对象。

HTML 类型的标签第一个字母用小写来表示。

```
    import React from 'react';
    //当一个标签里面为空的时候，可以直接使用自闭和标签
    //注意 class 是一个 JavaScript 保留字，所以如果要写 class 应该替换成 className
    let divElement = <div className="foo" />;
    //等同于
    let divElement = React.createElement('div', {className: 'foo'});
```

React 组件标签第一个字母用大写来表示。

```
    import React from 'react';
    class Headline extends React.component {
      ...
      render() {
        //直接 return JSX 语法
        return <h1>Hello React</h1>
      }
    }
    let headline = <Headline />;
    //等同于
```

```
let headline = React.createElement(Headline);
```

JSX 语法使用第一个字母大小写来区分是一个普通的 HTML 标签还是一个 React 组件。

注意：因为 JSX 本身是 JavaScript 语法，所以一些 JavaScript 中的保留字要用其他的方式书写，比如第一个例子中 class 要写成 className。

3．JavaScript 表达式

在给组件传入属性的时候，有一大部分的情况是要传入一个 JavaScript 对象的，那么基本的规则就是当遇到{}这个表达式的情况下，里面的代码会被当作 JavaScript 代码处理。

属性表达式如下。

```
const MyComponent;
let isLoggedIn = true;
let app = <MyComponent name={isLoggedIn ? 'viking' : 'please login'}/>
```

子组件表达式如下。

```
const MyComponent, LoginForm, Nav;
let isLoggedIn = true;
let app = <MyComponent>{isLoggedIn ? <Nav/> : <LoginForm/>}</MyComponent>
```

由上面两个例子可以得到一个基本规律。在 JSX 语法中，当遇到标签的时候就解释成组件或者 HTML 标签，当遇到{}包裹的时候就当成 JavaScript 代码来执行。

布尔类型属性如下。

当省略一个属性的值的时候，JSX 会自动把它的值认为是 true。

```
let myButton = <input type="button" disabled />;
//等同于
let myButton = <input type="button" disabled={true}/>;
```

4．注释

要在 JSX 中使用注释，沿用 JavaScript 的方法，需要注意的是，在子组件位置需

要用{}括起来。

```
let component = (
  <div>
    {/* 这里是一个注释！ */}
    <Headline />
  </div>
);
```

5. JSX 属性扩散

假如一个组件有很多属性，当然可以如下这样做。

```
const Profile;
let name = 'viking', age = 10, gender = 'Male';
let component = <Profile name={name} age={age} gender={gender}/ >;
```

但是，当这样的属性特别多的时候，书写和格式看起来就会变得很复杂，所以 JSX 有一个很便利的功能——属性扩散。

```
const Profile;
let props = {
  name: 'viking',
  age: 10,
  gender: 'Male'
};
//用这种方式可以很方便地完成上一个例子里面的操作
let component = <Profile {...props} />;
```

你可以多次使用这种方法，还可以和别的属性组合在一起。需要注意的是，顺序是重要的，越往后的属性会覆盖前面的属性。

```
...
let component = <Profile {...props} name='viking2' />;
console.log(component.props.name);
//viking2
```

神奇的“...”到底是什么？“...”操作符（扩散操作符）在 ES6 的数组上已经获得了广泛的使用，在第 1 章介绍 ES6 语法的时候也有所提及。对象的扩散操作符也会在 ES7 中得到实现，这里，JSX 直接实现了未来的 JavaScript，带来了更多的便利。

3.2.3　编译 JSX

JSX 不能直接在浏览器中使用，需要一种编译工具把它编译成 React.CreateElement 方法。有很多种方法可以来完成这个任务。

Facebook 提供了一个简单的工具为 JSXTransformer，它是面向浏览器的，你可以把它直接引入到 HTML 文档中。

```
<script src="http://fb.me/JSXTransformer-0.14.7.js"></script>
<script type="text/jsx">
  //JSX 写在这里
</script>
```

这是一种简单但是非常笨拙的方法，因为要在浏览器端完成这些编译工作，那样肯定会大大地影响效率。所以，这里推荐使用第 1 章中介绍过的 Babel 来完成编译的任务。在第 4 章中会介绍如何使用 webpack 配合 Babel 搭建一个完整的开发环境。在这里，读者可以使用 Babel 提供的在线编译器[①]来观察一下代码编译的过程。如图 3-1 所示为 Babel 在线编译器编译 JSX。

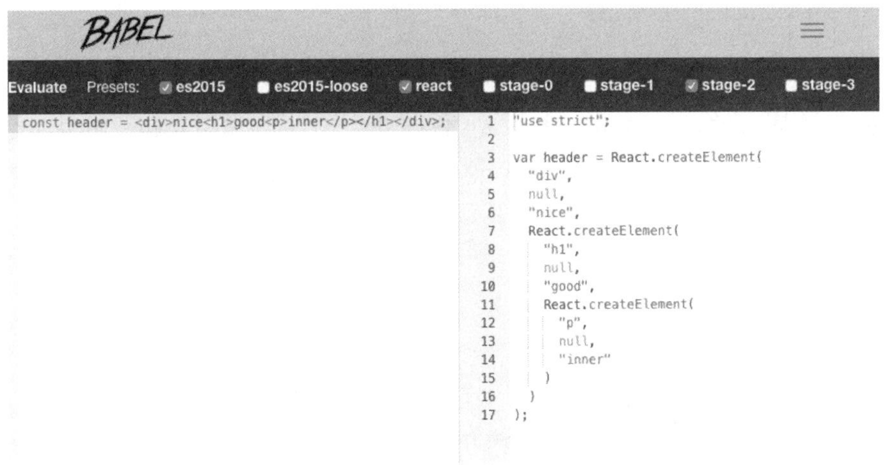

图 3-1　Babel 在线编译器编译 JSX

① 网址为：https://babeljs.io/repl/。

3.2.4 小结

JSX 看起来就是 HTML，每个前端开发者都可以很快地熟悉上手。但是，请记住它不是真正的 HTML，也和 DOM 没有关系。它像是一种 React.createElement 写法的语法糖，是快速高效书写这个函数的方法，它返回的是 **ReactElement**，一种 JavaScript 的数据结构。

3.3 React+webpack 开发环境

前面学习了 JSX 的一些语法特性，但是需要一些工具把 JSX 这种语法编译成浏览器可以读懂的语言。那么，在开始介绍组件之前，先来为项目配置 webpack 和 React 的开发环境，webpack 易于配置，与 React 配合简单易用，同时引入具有强大魔力的 Babel，让你可以轻松地用最新的标准来书写你的 React 代码。

本章完成的完整代码示例可以参考 https://github.com/vikingmute/webpack-react-codes/tree/master/chapter3/part3。

创建一个项目文件夹，并且用 npm init --yes 命令生成一个 **package.json** 文件作为开始。确认是否安装了 webpack 和 webpack-dev-server，使用 npm install webpack webpack-dev-server –g 进行全局安装，或者也可以使用 npm install webpack webpack-dev-server --save-dev 直接作为项目的依赖。

3.3.1 安装配置 Babel

在第 1 章中介绍过 Babel，它是一个 JavaScript 编译器。现在在这里使用 Babel 的目的有两个，一个是让代码支持 ES6 的语法，一个是支持 React 的一些特性（例如 JSX 语法）。正好有两个 presets 可以完成这两个任务。

- babel-preset-es2015 ES6 语法包，有了这个语法包，你的代码可以随意地使用 ES6 的新特性，const、箭头操作符等信手拈来。
- babel-preset-react React 语法包，这个语法包专门用于 React 的优化，让你在代码中可以使用 React ES6 classes 的写法，同时直接支持 JSX 语法格式。

1．安装 Babel loader

在第 2 章中介绍过 webpack 中的 loader，它作用于文件特定格式的转换，那么在这里需要安装 Babel loader。

```
//安装 babel-core 核心模块和 babel-loader
npm install babel-core babel-loader --save-dev
//安装 ES6 和 React 支持
npm install babel-preset-es2015 babel-preset-react --save-dev
```

2．配置.babelrc

安装完 Babel 和它的插件，配置一下它的规则。在项目根目录下新建一个.babelrc 空文件。

用编辑器打开，然后输入如下内容。

```
//告诉 Babel，编译 JavaScript 代码的时候要用这两个 presets 编译
{
  "presets": ["es2015", "react"]
}
```

3.3.2　安装配置 ESLint

在多人开发项目中，代码规范也是非常重要的环节，不同的人有着不同的习惯，有时候会给开发造成很大的影响，所以各种代码检查工具开始陆续登场。读者也许听说过 JSLint、JSHint、JSCS 等工具，那么这里使用一个最新的后起之秀，它就是 ESLint。它的强大之处和 Babel 有点相似，提供一个完全可配置的检查规则，而且提供了非常多的第三方 plugin，适合不同的开发场景，输出的错误信息也非常明晰，同时最酷的一点是它有着 ES6 语法的最佳支持，还支持 JSX 语法，它简直就是 React 应用代码规范的绝配。

1．安装 ESLint loader

同样为 webpack 添加这个 loader，其实更严格来说，它应该被称为 preLoaders。preLoaders，顾名思义，就是在 loader 处理该资源之前，先用 perLoaders 进行处理，

因为代码检查肯定是要在转换代码之前进行的。

```
npm install eslint eslint-loader --save-dev
```

刚才说过 ESLint 有很多第三方配置好的格式插件，那么在这里使用 Airbnb 开发配置合集 eslint-config-airbnb，这个配置合集里面还包括如下 3 个插件。

```
npm install eslint-plugin-import eslint-plugin-react eslint-plugin-jsx-a11y
--save-dev
npm install eslint-config-airbnb --save-dev
```

2. 配置.eslintrc

和 Babel 类似，ESLint 也是通过配置文件来自定义它的检查规则的，在根目录下新建一个.eslintrc 的文件，同时写入如下代码。

```
{
  "extends": "airbnb",
  "rules": {
    "comma-dangle": ["error", "never"]
  }
}
```

这个配置文件的意思就是直接继承 eslint-config-airbnb 的配置规则，同时也可以写入自己特定的规则，后面的内容会覆盖默认的规则。例如，comma-dangle:["error", "never"]，在自定义这项之前，一个对象或者数组的最后一项是要加逗号的，要写成[1,2,3,4,]才可以，但是对于我个人来说，我喜欢最后一项不加逗号，所以我修改了这条规则。想了解 ESLint 的更多用法，可以去官方网站一探究竟。

3.3.3 配置 webpack

已经配置好了两大工具——Babel 和 ESLint，那么现在可以使用 webpack 把它们结合在一起。

这里再安装一个 webpack 的插件，称作 html-webpack-plugin，它可以帮助我们自动生成 HTML 页面，并且引入正确的 JavaScript 文件依赖。

```
npm install html-webpack-plugin --save-dev
```

在项目根目录下新建 app 文件夹，同时再新建一个 webpack.config.js 的文件。

```
var path = require('path');
var webpack = require('webpack');
var HtmlwebpackPlugin = require('html-webpack-plugin');
//一些常用路径
var ROOT_PATH = path.resolve(__dirname);
var APP_PATH = path.resolve(ROOT_PATH,'app');
var BUILD_PATH = path.resolve(ROOT_PATH,'build');

module.exports= {
  entry: {
    app: path.resolve(APP_PATH, 'app.jsx')
  },
  output: {
    path: BUILD_PATH,
    filename:'bundle.js'
  },
  //开启 dev source map
  devtool:'eval-source-map',
  //开启 webpack dev server
  devServer: {
    historyApiFallback: true,
    hot: true,
    inline: true,
    progress: true
  },

  module: {
    // 配置 preLoaders，将 eslint 添加进入
    preLoaders: [
      {
        test: /\.jsx?$/,
        loaders: ['eslint'],
        include: APP_PATH
      }
    ],
    // 配置 loader，将 Babel 添加进去
    loaders: [
      {
        test: /\.jsx?$/,
        loaders: ['babel'],
        include: APP_PATH
```

```
      }
    ]
  },
  //配置 plugin
  plugins: [
    new HtmlwebpackPlugin({
      title:'My first react app'
    })
  ]
}
```

上面的配置文件并不特殊，复习一下第 2 章的知识，把 app 文件夹中的 app.jsx 作为入口，用配置好的 babel-loader 处理它，在 Babel 处理之前先用 ESLint 检查代码的格式，最后使用 HtmlwebpackPlugin 在 build 文件夹中生成处理后的 HTML 文件。

这里还需要添加一个 resolve 的参数，把 JSX 扩展名添加进去，这样就可以在 JS 中 import 加载 JSX 扩展名的脚本。

```
...
resolve: {
  extensions: ['','.js','.jsx']
},
...
```

下面在 npm 中添加 webpack 启动命令。

npm 可以添加自定义命令，将两条命令添加到 package.json 里面，一个是运行 webpack 命令、build 整个项目，一个是启动本地的 webpack-dev-server 来进行开发：

```
...
"scripts": {
  "build":"webpack",
  "dev":"webpack-dev-server --hot",
},
...
```

3.3.4 添加测试页面

工具都已经配置完毕，添加一个简单的测试页面。

把 React 库添加到项目中。

```
npm install react react-dom --save
```

新建 app.jsx 文件。

```
import React from'react';
import ReactDOM from'react-dom';

class App extends React.Component{
  constructor(props) {
    super(props);
  }
  render() {
    return (
      <div className="container">
        <h1>Hello React!</h1>
      </div>
    )
  }
};

const app = document.createElement('div');
document.body.appendChild(app);
ReactDOM.render(<App />, app);
```

在根目录下运行 npm run dev，webpack-dev-server 会新建一个基于 Express 的服务器，打开浏览器的 http://localhost:8080 发现大标题出现，但是打开控制台或者终端界面，会发现出现了一些 ESLint 的错误，如图 3-2 所示。

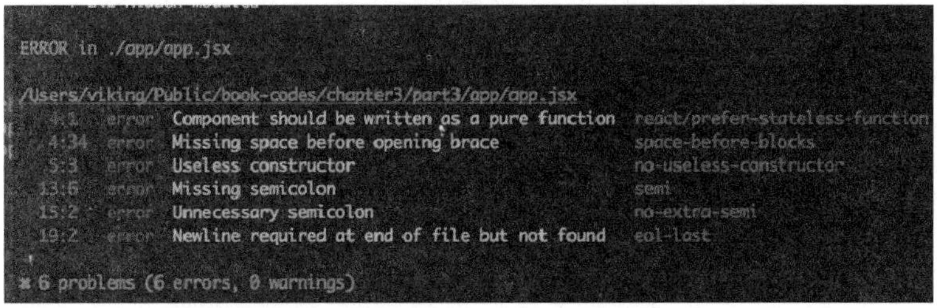

```
ERROR in ./app/app.jsx

/Users/viking/Public/book-codes/chapter3/part3/app/app.jsx
  4:1   error  Component should be written as a pure function  react/prefer-stateless-function
  4:34  error  Missing space before opening brace              space-before-blocks
  5:3   error  Useless constructor                             no-useless-constructor
  13:6  error  Missing semicolon                               semi
  15:2  error  Unnecessary semicolon                           no-extra-semi
  19:2  error  Newline required at end of file but not found   eol-last

✖ 6 problems (6 errors, 0 warnings)
```

图 3-2　ESLint 插件提示格式错误

错误提示得很清楚，有各种各样的错误，有缺少空格、分号等错误，也有组件书写格式的错误。关于组件的格式规范，会在第 4 章进行讲解，这里只需要了解即可。接下来把上面的代码修改一下。

```
import React from'react';
import ReactDOM from'react-dom';

function App() {
  return (
    <div className="container">
      <h1>Hello React!</h1>
    </div>
  );
}

const app = document.createElement('div');
document.body.appendChild(app);
ReactDOM.render(<App />, app);
```

这次大功告成，错误提示全部都消失了。

3.3.5 添加组件热加载（HMR）功能

现在每次修改一个组件的代码，页面都会重新刷新，这会造成很糟糕的问题，程序会丢失状态。当然，现在在简单的程序中，这完全无所谓，但是，假如程序变得越来越复杂，想要返回这种状态，你可能又要经历一系列的点击等操作，会耗费一些时间。如果更新代码以后可以只更新局部的组件，而对全局页面不要求直接强制刷新，那岂不是非常美妙？

第 2 章讲到 webpack 支持 HMR（Hot Module Replacement），这里自然而然地会想到这种解决方案。不过早就有一些人帮我们做好了类似的工作，只要简单安装一个 Babel 的 preset，就可以轻松地完成这项工作。

```
npm install babel-preset-react-hmre --save-dev
```

这个 preset 里面其实包括两方面。

- react-transform-hmr 用来实现上面所说的热加载；
- react-transform-catch-errors 用来捕获 render 里面的方法，并且直接展示在界面上。

配置一下.babelrc 如下。

```
{
  "presets": ["react", "es2015"],
  //在开发的时候才启用 HMR 和 Catch Error
  "env": {
   "development": {
     "presets": ["react-hmre"]
   }
  }
}
```

配置完毕，启动 npm run dev。

看一下效果，然后随便改动 h1 标签里面的文字，发现页面没有被刷新，但是内容自动改变了。在 render 方法中故意设置一些错误，出现了红色错误提示，大功告成，如图 3-3 所示。

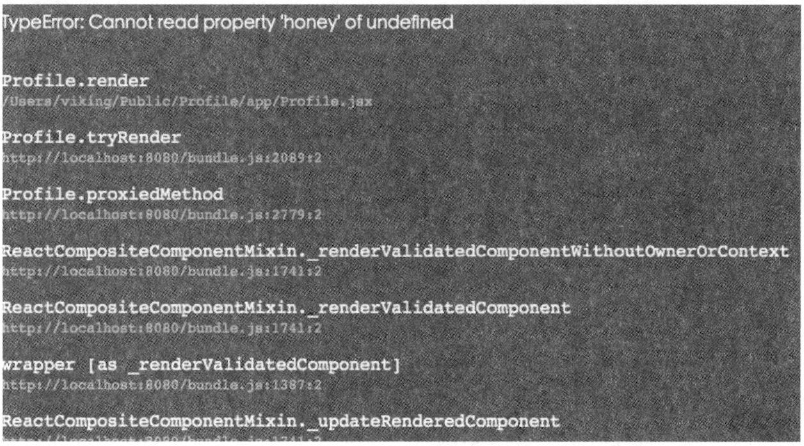

```
TypeError: Cannot read property 'honey' of undefined

Profile.render
/Users/viking/Public/Profile/app/Profile.jsx

Profile.tryRender
http://localhost:8080/bundle.js:2089:2

Profile.proxiedMethod
http://localhost:8080/bundle.js:2779:2

ReactCompositeComponentMixin._renderValidatedComponentWithoutOwnerOrContext
http://localhost:8080/bundle.js:1741:2

ReactCompositeComponentMixin._renderValidatedComponent
http://localhost:8080/bundle.js:1741:2

wrapper [as _renderValidatedComponent]
http://localhost:8080/bundle.js:1387:2

ReactCompositeComponentMixin._updateRenderedComponent
```

图 3-3　React Catch Error 插件

3.3.6　小结

本节的内容到此结束。已经设置好 React 和 webpack 的开发环境，它支持的特性有以下几点。

- 支持 ES6 的语言特性。

- 支持 JSX 语法。
- 使用 ESLint 作为代码检查工具。
- 支持 HMR 热加载。

有了这几个优点，在下面的 React 开发章节中，就可以把它作为通用的开发环境了。

3.4 组件

组件是 React 的基石，所有的 React 应用程序都是基于组件的。

在 3.3 节中，开发环境已经成功配置完毕。在本节中我们会最终完成一个 React 组件的设计，并通过这个例子慢慢展开描述各种关于 React 组件的概念。

之前的 React 组件，是使用 React.createClass 来声明的。

```
var List = React.createClass({
   getInitialState: function() {
      return ['a', 'b', 'c']
   },
   render: function() {
      return ( ... );
   }
});
```

就像第 1 章描述过的一样，本书中的代码全都使用了 ES6 的写法。当然，React 官方也在第一时间就支持了 ES6 class 的写法，这种写法可读性更强，一个直观的表现就是不用写 getInitialState 方法了，可以直接在 constructor 里面定义 this.state 的值。所以，以后的代码全部采用了这样的格式。

```
import React from 'react';

class List extends React.Component {
   constructor() {
      super();
      this.state = ['a', 'b', 'c'];
   }
   render() {
      return (...);
```

```
    }
}
```

现在要建立的是一个个人的页面，称为 Profile。最后完成的效果如图 3-4 所示。

图 3-4　React Component 最后完成的 Profile 页面

这个例子几乎涵盖了关于 React 的所有概念。

完整代码可以参考 https://github.com/vikingmute/webpack-react-codes/tree/master/chapter3/part4。

3.4.1　props 属性

现在来新建第一个组件，称为 Profile.jsx。

```
//Profile.jsx
import React from 'react';

export default class Profile extends React.Component {
  //render 是这个组件渲染的 Vitrual DOM 结构
  render() {
    return (
      <div className="profile-component">
        {/*this.props 就是传入的属性*/}
        <h1>我的名字叫 {this.props.name}</h1>
        <h2>我今年 {this.props.age} 岁</h2>
      </div>
    )
```

```
    }
  }
```

它只是简单地输出了一个标题，3.2.2 节讲到用 JSX 直接引入 HTML 标签也能完成相同的效果。

```
    let profile = <div className="profile-component">
                    <h1>我的名字叫 viking</h1>
                    <h2>我今年 20 岁</h2>
                  </div>
```

有了组件以后，可以使用 React 提供的另外一个库 ReactDOM 把这个组件挂载到 DOM 节点上。

```
  // app.jsx
  import { render } from 'react-dom';
  import Profile from './profile';

  render(<Profilename="viking"age=20/>,document.getElementById('container')
);
  //或者可以使用“...”属性扩展
  const props = {
    name: 'viking',
    age: 20
  };
  render(<Profile {...props} />, document.getElementById('container'));
```

实现后的截图如图 3-5 所示。

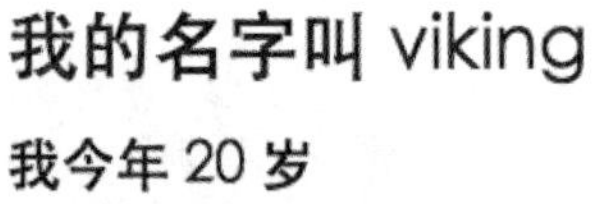

我的名字叫 viking

我今年 20 岁

图 3-5　实现后的截图

在 JSX 一节中已经提到过 props 就是传入组件的属性，由外部的 JSX 传入，在组件内部可以通过 this.props 来访问。在上面的例子中，name、age 就是传入的属性，传入多个属性时可以使用“...”属性扩展。

下面来验证组件的属性。

当程序结构变得越来越复杂的时候，组件的复杂程度也会成倍地提高，所以一项很重要的工作就是验证组件传入的属性。比如说上面组件的 age 属性，应该传入数字类型，那么如果传入一个数组，肯定就会出现问题，所以 React 可以让用户定义组件属性的变量类型。

```
import { PropTypes } from 'react';

const propTypes = {
  //验证不同类型的 JavaScript 变量
  optionalArray: PropTypes.array,
  optionalBool: PropTypes.bool,
  optionalFunc: PropTypes.func,
  optionalNumber: PropTypes.number,
  optionalObject: PropTypes.object,
  optionalString: PropTypes.string,

  // 可以是一个 ReactElement 类型
  optionalElement: PropTypes.element,

  // 可以是别的组件的实例
  optionalMessage: PropTypes.instanceOf(Message),

  // 可以规定为一组值其中的一个
  optionalEnum: PropTypes.oneOf(['News', 'Photos']),

  // 可以规定是一组类型中的一个
  optionalUnion: PropTypes.oneOfType([
    PropTypes.string,
    PropTypes.number,
    PropTypes.instanceOf(Message)
  ]),
  //可以在最后加一个 isRequired，表明这个属性是必需的，否则就会返回一个错误
  requiredFunc: React.PropTypes.func.isRequired
}
```

了解了这么多种属性的验证，接下来给刚才简单的组件添加验证。

```
import React, { PropTypes } from 'react';
//需要验证的属性
const propTypes = {
  name: PropTypes.string.isRequired,
  age: PropTypes.number.isRequired
};
```

```
class Profile extends React.Component {
  //render 是这个组件渲染的 Vitrual DOM 结构
  render() {
    return (
      <div className="profile-component">
        {/*this.props 就是传入的属性*/}
        <h1>我的名字叫 {this.props.name}</h1>
        <h2>我今年 {this.props.age} 岁</h2>
      </div>
    )
  }
}

//将验证赋值给这个组件的 propTypes 属性
Profile.propTypes = propTypes;

export default Profile;
```

3.4.2 state 状态

state 是组件内部的属性。组件本身是一个**状态机**，它可以在 constructor 中通过 this.state 直接定义它的值，然后根据这些值来渲染不同的 UI。当 state 的值发生改变时，可以通过 this.setState 方法让组件再次调用 render 方法，来渲染新的 UI。

现在改造一下简单的组件，给它添加一个状态，一个“点赞”的按钮，每单击一次，就给赞的次数加 1。

```
//Profile.jsx
export default class Profile extends React.Component {
  constructor(props) {
    super(props);
    this.state = {
      liked: 0
    };
    this.likedCallback = this.likedCallback.bind(this);
  }

  likedCallback() {
    let liked = this.state.liked;
```

```
    liked++;
    this.setState({
      liked
    });
  }

  render() {
    return (
      <div>
        <h1>我的名字叫 {this.props.name}</h1>
        <h2>我今年 {this.props.age} 岁</h2>
        <button onClick={this.likedCallback}>给我点赞</button>
        <h2>总点赞数： {this.state.liked}</h2>
      </div>
    )
  }
}
```

实现后的截图如图 3-6 所示。

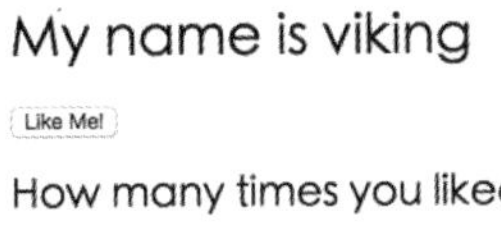

My name is viking

Like Me!

How many times you liked me: 1

图 3-6　实现后的截图

和上面描述的一样，在 constructor 中添加 this.state 的定义，每次单击按钮以后调用回调函数，给当前 liked 值加 1，然后更新 this.setState，完成 UI 的重新渲染。因为在 ES6 class 类型的 component 组件声明方式中，不会把一些自定义的 callback 函数绑定到实例上，所以需要手动在 constructor 里面绑定。

```
this.likedCallback = this.likedCallback.bind(this);
```

React 组件通过 props 和 state 的值，使用 render 方法生成一个组件的实例。

上面通过单击的 event handler 可以看到，这种写法和在普通的 DOM 元素上写事件回调没有任何差异，接受起来完全没有成本。其实这是 React 自己实现的合成事件，它完全符合 W3C 的标准，并且处理了不同浏览器之间的兼容性问题。React 并未把事件绑定在特定的 DOM 节点上，实际上它是用事件代理的方式在最外层绑定了一个事件回调，当组件 unmounted 的时候，这个事件回调会被自动删除。

3.4.3 组件生命周期

每个生物都有它自己的生命周期，从出生、少年、成年再到死亡。同理，组件也有它特定的生命周期，React 用不同的方法来描述它的整个生命周期。现在，要稍微修改一下组件的代码，当组件加载完毕 1 秒以后，使 liked 的值自动加 1。

```
...
componentDidMount() {
  setTimeout(() => {
    this.likedCallback();
  }, 1000);
}
...
```

componentDidMount 这个方法就是在 render 完成并且组件装载完成之后调用的方法，所以界面中先显示 0，1 秒以后此方法被调用，界面被重新渲染，liked 值变成了 1。

整个生命周期可以用图 3-7 描述。

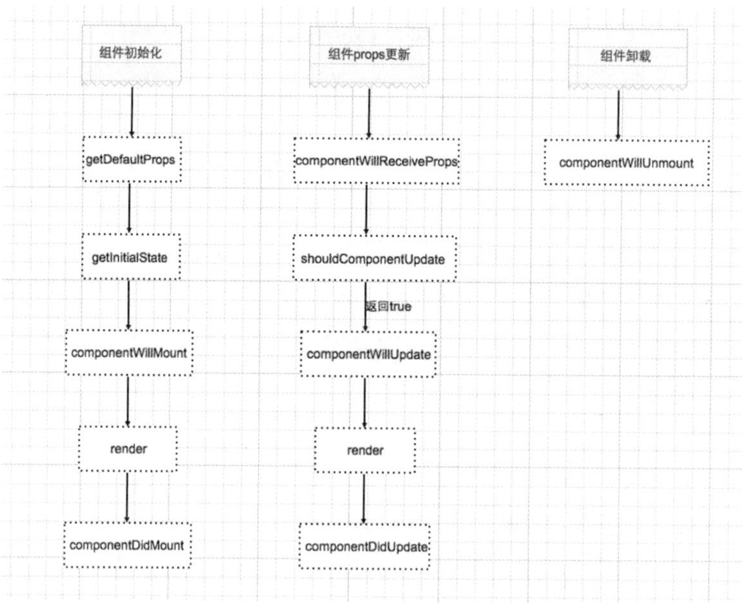

图 3-7 组件生命周期

如图 3-7 所示，生命周期可以分为以下几部分。

1. 组件首次加载

- getDefaultProps 只会在装载之前调用一次，在组件中赋值的数据会被设置到 this.props 中。
- getInitialState 只会在装载之前调用一次，这个函数的返回值会被设置到 this.state 中。需要注意的是，在 ES6 的写法中，只需写在 constructor 中即可，如下。

```
class MyComponent extends React.Component {
  constructor(props) {
super(props);
//在这里声明 state
this.state = {count: 0};
  }
}
```

- componentWillMount 在 render 之前被调用，可以在渲染之前做一些准备工作。
- render 这个方法是组件的一个**必要**方法。当这个方法被调用的时候，应该返回一个 ReactElement 对象，该对象在 3.2.2 节中被提到过。render 是一个纯函数，它的意义就是在给定相同的条件时，它的返回结果应该每次都是完全一致的。不应该有任何修改组件 state 的代码或者是和浏览器交互的情况。
- componentDidMount 只会在装载完成之后调用一次，在 render 之后调用，从这里开始获取组件的 DOM 结构。如果想让组件加载完毕后做一些额外的操作（比如 AJAX 请求等），可以在这个方法中添加相应的代码。

2. 组件 props 更新

当组件接收到新的 props 的时候，会依次触发下列方法。

- componentWillReceiveProps(object nextProps)，在组件接收到新的 props 的时候被触发，参数 nextProps 就是传入的新的 props，你可以用它和 this.props 比较，来决定是否用 this.setState 实现 UI 重新渲染。
- shouldComponentUpdate，在重新 render 之前被调用，可以返回一个布尔

值来决定一个组件是否要更新，如果返回 false，那么前面的流程都不会被触发。这个方法默认的返回值都是 true。

- componentWillUpdate，在 render 之前被调用，可以在渲染之前做一些准备工作，和 componentWillMount 类似。
- render，和组件首次加载的方法相同。
- componentDidUpdate，重新渲染完成以后立即调用，和 componentDidMount 类似。

3. 组件卸载

componentWillUnmount，在组件被卸载和销毁之前调用的方法，可以在这里做一些清理的工作。

3.4.4 组合组件

React 应用建立在各种组件基础上，那么自然地，一个组件也可以包含多个其他组件。现在，扩展一下刚才的应用，显示一个爱好列表，那么这个新的组件被称为 Hobby.jsx。

```
import React, { PropTypes } from 'react';

const propTypes = {
  hobby: PropTypes.string.isRequired
};

class Hobby extends React.Component {
  render() {
    return <li>{this.props.hobby}</li>
  }
}

Hobby.propTypes = propTypes;

export default Hobby;
```

非常简单，只是输出列表中的一项。现在把它引入到 Profile 中，在 3.2.2 节讲过，组件可以直接用标签的形式放入 JSX 中。

```
//Profile.jsx
import Hobby from './hobby';
...
constructor(props) {
  super(props);
  //在 state 中添加两个爱好
  this.state = {
    liked: 0,
    hobbies: ['skateboarding', 'rock music']
  };
  ...
  render() {
    return (
      <div>
        <h1>我的名字叫 {this.props.name}</h1>
        <h2>我今年 {this.props.age} 岁</h2>
        <button onClick={this.likedCallback}>给我点赞</button>
        <h2>总点赞数： {this.state.liked}</h2>
        <h2>我的爱好：</h2>
        <ul>
          {this.state.hobbies.map((hobby, i) => <Hobby key={i} hobby={hobby} />)}
        </ul>
      </div>

    )
  }
}
...
```

只要将子组件看成自定义 HTML 标签就好了，然后传入想要的属性，特别注意要给每个循环组件添加一个唯一的 key 值。实现后的截图如图 3-8 所示。

我的名字叫 viking

我今年 20 岁

给我点赞

总点赞数：1

我的爱好：

- skateboarding
- rock music

图 3-8　实现后的截图

3.4.5 无状态函数式组件

Hobby 组件非常简单，没有内部 state，不需要组件生命周期函数，那么，可以把这类组件写成一个纯函数的形式，称为 stateless functional component（无状态函数式组件）。它做的事情只是根据输入生成组件，没有其他的副作用，而且简洁明了。

```
...
//用一个纯函数表示组件
function Hobby(props) {
  return <li>{props.hobby}</li>;
}
...
```

这种写法很简单，直接导出一个函数，它只有一个参数 props，就是传入的属性。在实际的项目中，大部分的组件都是无状态函数式组件，所以这是 React 推荐的写法。在以后的版本中也会对这种形式进行优化。

3.4.6 state 设计原则

什么组件应该有 state，而且应该遵循最小化 state 的准则？那就是尽量让大多数的组件都是无状态的。为了实现这样的结构，应该尽量把状态分离在一些特定的组件中，来降低组件的复杂程度。最常见的做法就是创建尽量多的无状态组件，这些组件唯一要关心的事情就是渲染数据。而在这些组件的外层，应该有一个包含 state 的父级别的组件。这个组件用于处理各种事件、交流逻辑、修改 state，对应的子组件要关心的只是传入的属性而已。

state 应该包含什么数据？state 中应该包含组件的事件回调函数可能引发 UI 更新的这类数据。在实际的项目中，这些应该是轻量化的 JSON 数据，应该尽量把数据的表现设计到最小，而更多的数据可以在 render 方法中通过各种计算来得到。这里举一个例子，比如说现在有一个商品列表，还有一个用户已经选购的商品列表。最直观的设计方法是如下这样的。

```
{
 goods: [
   {
     "id" : 1,
```

```
      "name": "paper"
    },
    {
      "id": 2,
      "name": "pencil"
    }
    ...
  ],
  selectedGoods:[
    {
      "id": 1,
      "title": "hello world"
    }
  ],
}
```

这样做当然可以，但是，根据最小化设计 state 原则，有没有更好的方法呢？selectedGoods 的商品就是 goods 里面的几项，数据是完全一致的，所以说这里只需要保存 ID，就可以完成同样的功能。所以可以修改成如下。

```
selectedGoods: [1, 2, 3]
```

在渲染这个组件的时候，只需要把要渲染的条目从 goods 中取出来就可以了。

state 不应该包含什么数据？就像上面的例子所描述的一样，为了达到 state 的最小化，下面这几种数据不应该包含到 state 中。

- 可以由 state 计算得出的数据。就像刚才的 selectedGoods 一样，可以由 goods 列表计算得出。
- 组件。组件不需要保存到 state 中，只需要在 render 方法中渲染。
- props 中的数据。props 可以看作是组件的数据来源，它不需要保存在 state 中。

3.4.7　DOM 操作

在大多数情况下，不需要通过操作 DOM 的方式去更新 UI，应该使用 setState 来重新渲染 UI。但是，有一些情况确实需要访问一些 DOM 结构（例如表单的值），那么可以采用 refs 这种方式来获得 DOM 节点，它的做法就是在要应用的节点上面设置一个 ref 属性，然后通过 this.refs.name 获得对应的 DOM 结构。

继续改造程序，添加一个输入框和一个按钮，能完成添加爱好的功能。

```
//Profile.jsx

render() {
  return (
    <div>
    ...
      <input type="text" ref="hobby" />
      <button onClick={this.addHobbyCallback}>添加爱好</button>
    </div>
  )
}
```

在 button 上添加事件——取得 input 的值，添加到 state 的值里面。逻辑还是很简单的，下面来完成这个单击的回调。

```
//Profile.jsx
addHobbyCallback() {
  //用 this.refs.name 来取得 DOM 节点
  let hobbyInput = this.refs.hobby;
  let val = hobbyInput.value;
  if (val) {
    let hobbies = this.state.hobbies;
    //添加值到数组
    hobbies = [...hobbies, val];
    //更新 state，刷新 UI
    this.setState({
      hobbies
    }, () => {
      hobbyInput.value = '';
    });
  }
}
```

完成后的截图如图 3-9 所示。

My name is viking

Like Me!

How many times you liked me: 4

Hobbies:

- skateboarding
- rock music
- rap music

another hobby　Add Hobby

图 3-9　完成后的截图

到这里，这个小项目就结束了。通过这个例子了解到了组件的声明、状态和属性、生命周期、与 DOM 的交互和事件，还有组合组件的用法。组件是 React 的核心所在，一个基于 React 的项目都是由各种各样不同的组件所构成的。

3.5　Virtual DOM

提起 Virtual DOM，总是给人一种高深莫测的感觉，听到的很多说法就是它要比 DOM 快，那么 Virtual DOM 到底是何方神圣呢？下面就对 Virtual DOM 做一个简单的介绍。

3.5.1　DOM

在了解 Virtual DOM 之前，不妨再来了解一下和我们息息相关的 DOM。它被称为文档对象模型，相信很多前端开发工程师是从一本叫《JavaScript DOM 编程艺术》的书开始了解它的。它是 HTML、XML、XHTML 的一种抽象描述，它会把这些文档转换成树类型的数据结构，被称为 DOM tree。每一片树叶被称为节点。浏览器会提供一系列的 API 给 JavaScript，让它可以拥有操作 DOM 的魔力。这些 API 大家都已经很熟悉，比如 getElementById，它们就像是一道桥梁连接了 DOM 和 JavaScript。

```
var item = document.getElementById('test');
item.parentNode.removeChild(item);
```

在当今的 Web 程序中，由于 SPA 类型项目的出现，DOM tree 的结构也变得越来越复杂，它的改变也变得越来越频繁，有可能有非常多的 DOM 操作，比如添加、删除或修改一些节点，还有许多的事件监听、事件回调、事件销毁需要处理。由于 DOM tree 结构的变化，会导致大量的 reflow，从而影响性能。

3.5.2 虚拟元素

首先要说的是，Virtual DOM 是独立 React 所存在的，只不过 React 在渲染的时候采用了这个技术来提高效率。前面已经介绍过 DOM 是笨重而庞大的，它包含非常多的 API 方法。DOM 结构也不过是一些属性和方法的集合，那么可不可以用原生 JavaScript 的方法来表述它呢？用轻量级的数据能完全代替庞杂的 DOM 结构来表述相同的内容吗？答案是肯定的。

```
/*一个 DOM 结构，可以用 JavaScript 这么来表示
 * 结构如下
 * <div id="container">
 *   <h1>Hello world</h1>
 * </div>
*/
var element = {
  tagName: 'div',
  attr: {
    props: {
      id: 'container'
    },
    styles: {
      color: 'red'
    }
  },
  children: {
    tagName: 'h1',
    children: 'Hello world'
  }
}
//用构造函数来模拟一下
function Element(tagName, attr, children) {
  this.tagName = tagName;
  this.props = props;
```

```
    this.children = children;
  };
  var headline = new Element('h1', null, 'Hello world')
  var div = new Element('div',{
                    props: {
                      id: 'container'
                    },
                    styles: {
                      color: 'red'
                    }
                  }, headline);
```

这样就用一个对象表述了一个类似 DOM 节点的结构，看起来有点眼熟，对吧？还记得在 JSX 一节里面讲的内容吗？

```
  //JSX 转换以后真正调用的 API
  let headline = React.createElement('h1', null, 'Hello world');
  let app = React.createElement('div', {id: 'container', styles: {color: 'red'}},
headline);
  //JSX 写法
  let styles = {
    color: 'red'
  };
  let app = <div id='container' styles={styles}>
              <h1>Hello world</h1>
            </div>;
```

从上面的例子可以看出，JSX 是一种创造 ReactElement 的便捷写法，而 ReactElement 是什么呢？

ReactElement 是一种轻量级的、无状态的、不可改变的、DOM 元素的虚拟表述。

其实就是用一个 JavaScript 对象来表述 DOM 元素而已。我们自己创建的 Element 对象和 ReactElement 看起来是完全一致的。

将 ReactElement 插入真正的 DOM 中，可以调用 ReactDOM 的 render 方法。

```
  import { render } from 'react-dom';
  import App from './app';

  render(<App />, document.getElementById('root'));
```

render 这个方法大体可以这样写：创建 DOM 元素，用属性列表循环新建 DOM 元素的属性。可以用 Element 对象写一段伪代码。

```
function render(element, root) {
  var realDOM = document.createElement(element.tagName);
  //循环设置属性和样式，代码简化了解即可
  var props = element.attr.props;
  var styles = element.attr.styles;
  for (var i in props) {
    realDOM.setAttribute(i, props[i]);
  }
  for (var j in styles) {
    realDOM.style[j] = styles[j];
  }
  //循环子节点，做同样的事情
  element.children.forEach(function(child) {
    if (child instanceof Element) {
      //如果是Element对象，递归该方法
      render(child, realDOM);
    } else {
      //如果是文本，创建文本节点
      realDOM.appendChild(document.createTextNode(child));
    }
  });
  //最后插入到真实的 DOM 中
  root.appendChild(realDOM);
  return realDOM;
}
```

注意上面的代码是伪代码，只是让大家了解一下 render 的大体过程，并不能良好运行。

介绍到这里，感觉没什么稀奇的。Virtual DOM 只不过就是 DOM 结构的 JavaScript 对象描述。那它比 DOM 更高效、速度更快体现在哪里呢？下面进行介绍。

3.5.3 比较差异

在了解了 Virtual DOM 的结构后，当发生任何更新的时候，这些变更都会发生在 Virtual DOM 树上面，这些操作都是对 JavaScript 对象的操作，速度很快。当一系列

更新完成的时候，就会产生一棵新的 Virtual DOM 树。为了比较两棵树的异同，引入了一种 Diff 算法，该算法可以计算出新旧两棵树之间的差异。到目前为止，没有做任何的 DOM 操作，只是对 JavaScript 的计算和操作而已。最后，这个差异会作用到真正的 DOM 元素上，通过这种方法，让 DOM 操作最小化，做到效率最高。

由于这里的算法比较复杂，就不再深入讲解下去了，这里只讲明白它的原理和过程即可，感兴趣的读者可以自行参阅文档。

现在用伪代码的形式来总结一下整个流程。

```
//1. 构建 Virtual DOM 树结构
var tree = new Element('div', {props: {id: 'test'}}, 'Hello there');

//2. 将 Virtual DOM 树插入到真正的 DOM 中
var root = render(tree, document.getElementById('container'));

//3. 变化后的新 Virtual DOM 树
var newTree = new Element('div', {props: {id: 'test2'}}, 'Hello React');

//4. 通过 Diff 算法计算出两棵树的不同
var patches = diff(tree, newTree);

//5. 在 DOM 元素中使用变更，这里引入了 patch 方法，用来将计算出来的不同作用到 DOM 上
patch(root, patches);
```

通过这 5 个步骤，就完成了整个 Virtual DOM 的流程。

现在，通过官方实现的文档，来比较一下和我们的流程是否有出入。

它的实现来自如下 Matt Esch 的 virtual-dom 库②。

```
//引入依赖，分别等同于我们描述的 Element、Diff 算法、patch 方法和 render 方法
var h = require('virtual-dom/h');
var diff = require('virtual-dom/diff');
var patch = require('virtual-dom/patch');
var createElement = require('virtual-dom/create-element');
```

② 网址为：https://github.com/Matt-Esch/virtual-dom。

```
// 1. 一个返回 Virtual DOM tree 的方法
function render(count) {
    // 看起来和我们实现的 Element 大同小异
    return h('div', {
        style: {
            textAlign: 'center',
            lineHeight: (100 + count) + 'px',
            border: '1px solid red',
            width: (100 + count) + 'px',
            height: (100 + count) + 'px'
        }
    }, [String(count)]);
}

//初始化一个变量
var count = 0;
//2.生成 Virtual DOM tree
var tree = render(count);
//3.通过虚拟树生成真正的 DOM 结构并且插入到文档中
var rootNode = createElement(tree);
document.body.appendChild(rootNode);

// 设置一个计时器，1 秒后触发
setInterval(function () {
      count++;
      //4.生成一棵新的 Virtual DOM tree
      var newTree = render(count);
      //5.通过 Diff 算法计算出两棵树的不同
      var patches = diff(tree, newTree);
      //6.将计算出来的不同作用到 DOM 上
      rootNode = patch(rootNode, patches);
      tree = newTree;
}, 1000);
```

可以看出官方文档流程和之前的流程几乎完全一致。它的核心在于用 JavaScript 对象来表述 DOM 结构，使用 Diff 算法来取得两个对象之间的差异，并且用最少的 DOM 操作完成更新。

第 4 章　实践 React

第 3 章讲解了 React 的基本知识和三大特性，那么本章就结合第 3 章的内容来开发一个比较简单的实际应用，来加深对 React 的理解。

下面以被称为 Deskmark 的项目为例介绍。它有点类似 Evernote，就是平常的记事本程序。不过为了迎合各位程序员的喜爱，书写的时候使用 Markdown 格式，这个程序像 Evernote 一样是左右分栏的，左边是文章列表，右边是预览和编辑器。

在本章中，将会介绍 React 官方推荐的 **Thinking in React** 的方式来开发整个项目。经过这个流程，读者肯定会对 React 的开发方式有一个新的认识。

4.1　开发项目

有了本章开始介绍的项目梗概，我们要做的第一件事情不是写代码，而是要画一个简单的原型图，将不同的功能可视化地表现出来。

这个项目会采用 React 推荐的 Thinking in React[①] 的开发方式，所以本章不仅是讲这个简单的项目是怎样实现的，而且会给读者提供一个更好的开发 React 项目的流程。

---

① 网址为：https://facebook.github.io/react/docs/thinking-in-react.html。

本章完成的完整代码示例可以参考 https://github.com/vikingmute/webpack-react-codes/tree/master/chapter4/part1。

4.1.1 将原型图分割成不同组件

经过一番讨论和设计之后，得到了如下的原型图，如图 4-1 和图 4-2 所示。

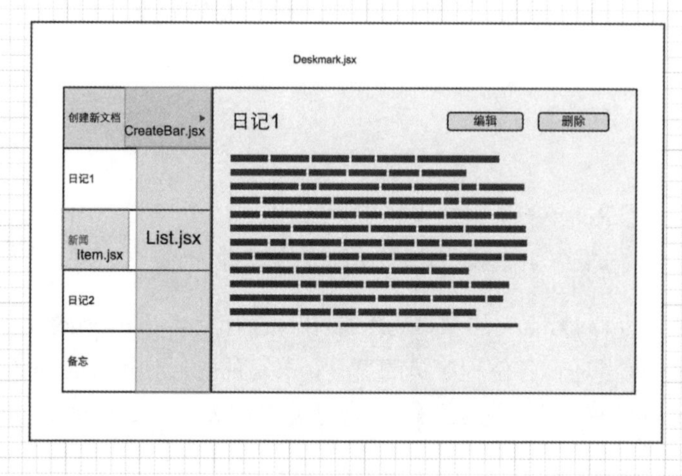

图 4-1 Deskmark 原型图

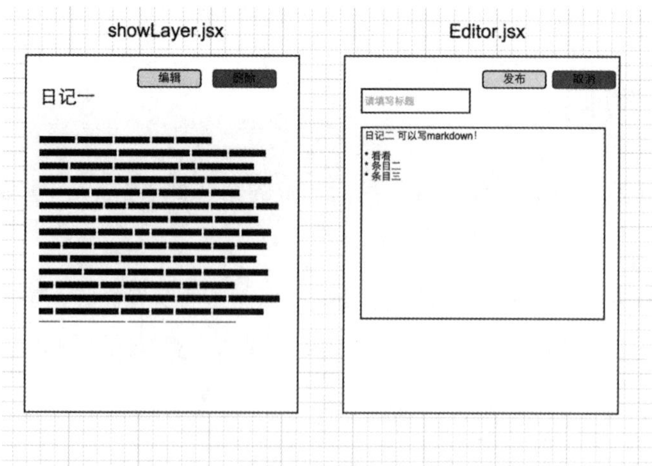

图 4-2 Deskmark 编辑器原型图

看到原型图后，要做的事情就是在原型图上画方块，然后给它们命名，就像我在图上做的事情一样，这就像是把一个已经拼好的积木拆成一块一块的个体。如果你和设计师一起工作，你可以看看他的 PSD 文件，也许他已经命名了不同图层。组件的原则是，一个组件理想情况下应该只做一件事情。如果发现它有过多的功能，那么你可以把它分割成更多的子组件。

最终的结果是会有一个被各种颜色方框覆盖的并且命名好了的原型图，这些形形色色的方块就是最后要实现的各个组件。

有了上面的图，就可以很容易地建立起项目的结构。

对项目的结构做出如下规定，所有的组件都放到新建好的 components 文件夹下，每个组件新建一个文件夹，并将组件的名称作为文件夹的名称，组件的命名统一采用 index.jsx 的形式，同时样式文件命名为 style.scss。

现在可以得出整个组件的简单结构：

- components/
  - Deskmark(整个程序的框架)/
    - index.jsx
    - style.scss
  - CreateBar(新建按钮)/
  - List(左侧文章列表)/
  - ListItem(左侧列表中的每个条目)/
  - ItemEditor(右侧文章编辑器，包含保存和取消两个按钮)/
  - ItemShowLayer(右侧文章展示，包含编辑和删除两个按钮)/

4.1.2　创造每个静态组件

在前面 React 章节中，已经介绍过 stateless function（无状态函数）这个概念。当一个组件不需要内部的 state、不需要组件的生命周期这些方法的时候，可以把它简写成一个纯函数。这种简便的写法，可以减少代码量。

从功能层面审视所有的组件，不难发现有一些组件只是传入属性、展示属性的

值或者对外输出方法。ListItem 就是典型的例子，它什么都不关心，只是接收一个属性、展示一条文章列表。在这个版本中，不会考虑任何的交互，组件只是静态地展示数据就可以了，那么很自然地，第一个无状态组件就出现了。

```
/*
 * @file component Item
 */
//当声明一个组件的时候，采用下面的顺序规则

//加载依赖
import React, { PropTypes } from 'react';

//属性验证
const propTypes = {
 item: PropTypes.object.isRequired,
 onClick: PropTypes.func.isRequired,
};

//组件主体，这里是 stateless function，所以直接就是一个函数
function ListItem({ item }) {
 //返回 JSX 结构
 return (
   <a
     href="#"
     className="list-group-item item-component"
   >
     <span className="label label-default label-pill pull-xs-right">
       {item.time}
     </span>
     {item.title}
   </a>
 );
}

//添加验证
ListItem.propTypes = propTypes;

//导出组件
export default ListItem;
```

组件的一个重要特性就是可以复用。别看上面的 ListItem 非常简单，但它不只可

以用于 Deskmark 程序中，任何项目若需要一条列表条目，它都可以很轻松地胜任，整个程序不用关心它的内部实现，只需要知道可以给它数据，就可以展示一条数据。

同样，List 组件也是无状态组件，它只是根据传入的数组展示列表而已，就像是第 3 章介绍过的组合组件一样，将 ListItem 组件循环输出，它应该是如下这样的。

```
import ListItem from '../ListItem';
...
function List ({ items }) {
  //循环插入子组件
  items = items.map(
    item => (
      <ListItem
        item={item}
        key={item.id}
      />
    )
  );

  return (
    <div className="list-component col-md-4 list-group">
      {items}
    </div>
  );
}
...
```

这一部分并无特殊之处，值得注意的是，在循环展示子组件的时候，每一个子组件都有一个唯一的 **key** 值，这是为了保证重新渲染的效率，提高内部 Diff 算法的效率。所以，当你循环展示一个组件时，这个值是必需的。

左边的组件已经完成，再来创建右边的组件。右边有 ItemShowLayer.jsx 和 ItemEditor.jsx 两个组件。

ItemShowLayer 也没有什么特殊，只是展示文章标题和内容。只不过唯一要注意的就是，因为要显示的是 Markdown 转换以后的内容，所以需要装一个库来将 Markdown 格式转化为 HTML 文档格式。

```
npm install marked -save
```

```
//ItemShowLayer.jsx
import marked from 'marked';
...
function ItemShowLayer({ item }) {
  //如果没有传入 Item，直接返回一些静态的提示
  if (!item || !item.id) {
    return (
      <div className="col-md-8 item-show-layer-component">
        <div className="no-select">请选择左侧列表里面的文章</div>
      </div>
    );
  }
  //将 Markdown 转换成 HTML
  //注意在渲染 HTML 代码时使用了描述过的 JSX 转义写法 dangerouslySetInnerHTML
  let content = marked(item.content);
  return (
    <div className="col-md-8 item-show-layer-component">
      <div className="control-area">
        <button className="btn btn-primary">编辑</button>
        <button className="btn btn-danger">删除</button>
      </div>
      <h2>{item.title}</h2>
      <div className="item-text">
        <div dangerouslySetInnerHTML={{__html: content}} />
      </div>
    </div>
  )
}
...
```

现在，完成的组件还没有添加任何的交互，所以上面“编辑”和“删除”两个按钮只是先放在那里，没有任何触发事件。

剩下的无状态组件就不一一写在这里了，它们都大同小异。读者可以用上面的方法自己写一下 ItemEditor 的实现，只不过是一个 input 框和一个 textarea 而已。

4.1.3 组合静态组件

现在，乐高积木都已经被我们一块一块地创造出来了，还需要一个框架把它们组合起来。这段程序要做的工作只是利用一些数据把组件都展示出来，暂时还不做

任何的交互操作。为什么这样呢？因为创造这些没有交互的组件需要写很多的代码，但是不需要特别多的思考；而写交互的逻辑则正好相反，需要很多的思考，但是不需要写很多的代码。在这里，不要添加组件内部的 state，因为交互可以改变组件的 state，导致 UI 的重新渲染。

开始组合，准备一些数据，数据结构是如下这样的。

```
{
  items: [
    {
      "id": "6c84fb90-12c4-11e1-840d-7b25c5ee775a",
      "title": "Hello",
      "content": "Hello world",
      "time": 1458030208359
    }
  ]
}
```

id 代表这篇文章的唯一 uuid，title 是文章标题，content 是文章内容，time 表示创建时间。

把这样的数据提供给相应的组件渲染，添加左边的列表——由一个新建按钮和文章列表组成。

新建一个 Deskmark 的组件，作为整个程序的框架。

```
//Deskmark.jsx
render() {

  const items = [
    {
      "id": "6c84fb90-12c4-11e1-840d-7b25c5ee775a",
      "title": "Hello",
      "content": "# testing markdown",
      "time": 1458030208359
    }, {
      "id": "6c84fb90-12c4-11e1-840d-7b25c5ee775b",
      "title": "Hello2",
      "content": "# Hello world",
      "time": 1458030208359
    }
```

```
  ]

  return (
    <section className="deskmark-component">
      <div className="container">
        <div className="row">
          <CreateBar />
          <List items={items} />
        </div>
      </div>
    </section>
  )
}
```

左边添加完毕，来看看截图，如图 4-3 所示。

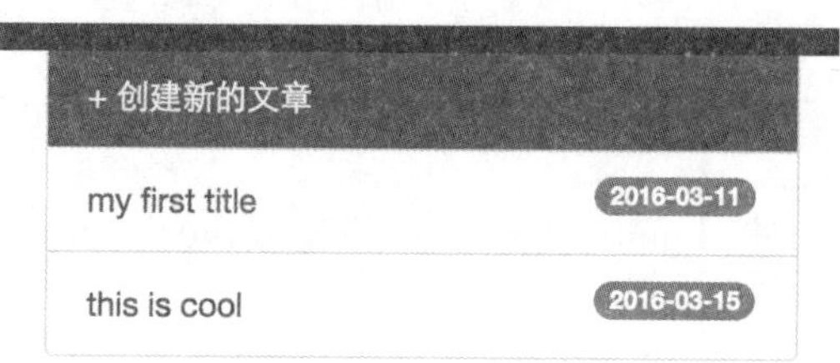

图 4-3　左侧静态组件

右边是文章展示区，也可以切换成一个编辑器。暂且把这两个组件都添加到右边。

```
...
return (
  const currentItem = items[0];
  <section className="deskmark-component">
    <div className="container">
      <div className="row">
        <CreateBar />
        <List items={items} />
        <ItemEditor item={currentItem}>
        <ItemShowLayer item={currentItem}>
      </div>
    </div>
  </section>
)
...
```

组合完成，截图如图 4-4 所示，现在静态版本的程序基本上能工作了，正确的数据都被展示出来。

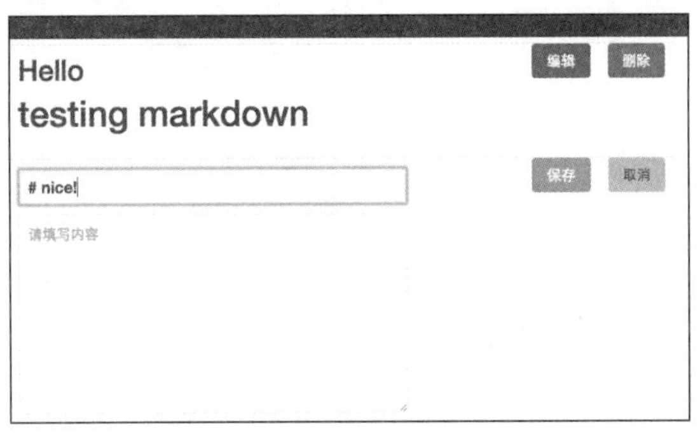

图 4-4　右侧静态组件

4.1.4　添加 state 的结构

前文提到的 Deskmark 这个组件，它是整个程序的框架，它控制了整个程序的状态，像程序的大脑一样。

根据程序的静态版本来思考一下，都需要什么状态来存储数据呢？state 的设计原则是：尽量最简化数据，遵循 DRY（Don't Repeat Yourself）的原则。

- 需要一个数组来存储所有的文章。这一点没有什么异议，上面静态版本的组件其实已经采用了这个结构来渲染组件。
- 需要一个数据来展示已被选中的文章，并且展示在右边。最直观的方法是有一个对象保存展示的内容，就像这样{"id": ".." "title": "...", ... }。这样当然非常直观。那么再想想有没有更优解？选中的内容只是所有文章中的一项，其实不需要把这些数据全部复制下来，只需要保存一个索引，随时从文章列表中取出来就可以。这个索引就是每篇文章的 ID，如此，用一个 selectId 就可以表示当前选择的内容。
- 还需要一个数据来表示编辑器状态，表示在编辑状态还是在浏览文章状态。那么很容易想出用一个布尔值来表达：editing。

经过这样的思考，不难得出整个程序的最后状态如下。

```
  this.state = {
    items: [],
    selectId: null,
    editing: false
  }
```

4.1.5 组件交互设计

现在，静态的组件和程序的 state 都已经确定，是时候添加交互了。根据原型图和组件传入的回调总结出的交互如下。

- 文章的 CRUD 操作。①创建新文章（createItem），②删除文章（deleteItem），③更新文章（updateItem），④选择文章（selectItem）。
- 右侧栏状态切换。①切换到编辑器状态（editItem），②切换到文章展示状态（cancelEdit）。

现在把这些组件的交互操作都添加到 Deskmark 里面。

```
//安装一个用来生成 uuid 的库 npm install uuid --save
import uuid from 'uuid';

export default class Deskmark extends React.Component {
  ...
  constructor(props) {
    super(props);
    this.state = {
      items: [],
      selectId: null,
      editing: false
    };
  }
  saveItem(item) {
    //item 是编辑器返回的对象，里面应该包括标题和内容

    //当前的 items state
    let items = this.state.items;

    item.id = uuid.v4();
    item.time = new Date().getTime();
    //新的 state
```

```
      items = [...items, item];
      //更新新的 state
      this.setState({
        items: items
      });
    }
  }
```

需要注意的一点是，在构造函数中需要 bind 新建的方法，否则这个方法无法在 render 中使用。

```
  constructor(props) {
    ...
    this.saveItem = this.saveItem.bind(this);
  }
```

这样就完成了第一个新增文章的方法，其实就是在 state 的 items 这个数组中添加一项。

举一反三，其他的方法也就不难写出，这些方法只不过是各种各样对状态的操作，这里再举几个例子。

```
  ...
  //从左侧列表选择一篇文章
  //将 selectId 置为选择文章的 ID，并且将 editing 状态置为 false
  selectItem(id) {
    if (id === this.state.selectedId) {
      return;
    }

    this.setState({
      selectedId: id,
      editing: false
    });
  }
  //新建一篇文章
  createItem() {
    //将 editing 状态置为 true，并且 selectedId 为 null，表示要创建一篇新的文章
    this.setState({
      selectedId: null,
      editing: true
    });
```

```
}
...
```

读者可以尝试将其他方法写出来，大多数都是对数组的操作。

4.1.6 组合成为最终版本

现在已经有了静态组件，有了 state，还添加完了一系列的交互操作，那么可以说是万事俱备，只欠东风。下面只要把交互操作和静态组件组合在一起就可以了。

现在要做的就是将这些回调一一传入各个组件中，将 JSX 中的事件交互和这些回调联系起来。

```
//Deskmark/index.jsx
export default class Deskmark extends React.Component {
  ...
  render() {
    let { items, selectedId, editing } = this.state;
    //选出当前被选中的文章
    let selected = selectedId && items.find(item => item.id === selectedId);

    //根据 editing 状态来决定是要显示 ItemEditor 组件还是 ItemShowLayer 组件，并且
//将回调方法都传入组件中
    let mainPart = editing
      ? <ItemEditor
          item={selected}
          onSave={this.saveItem}
          onCancel={this.cancelEdit}
        />
      : <ItemShowLayer
          item={selected}
          onEdit={this.editItem}
          onDelete={this.deleteItem}
        />;

    //将交互回调添加到组件中
    return (
      <section className="deskmark-component">
        <div className="container">
          <CreateBar onClick={this.createItem} />
          <List
```

```
          items={this.state.items}
          onSelect={this.selectItem}
        />
        {mainPart}
      </div>
    </section>
  )
 }
 ...
}
```

回调已经传入组件，那么再来一一改造静态组件，让它们变得交互起来。

```
//ItemShowLayer
...
//不要忘记把传入的回调加入到属性验证中
const propTypes = {
 item: PropTypes.object,
 onEdit: PropTypes.func.isRequired,
 onDelete: PropTypes.func.isRequired,
};

function ItemShowLayer({ item, onEdit, onDelete}) {
 ...
 const content = marked(item.content);
 return (
  <div className="col-md-8 item-show-layer-component">
   <div className="control-area">
    {/*将点击的回调添加到这里，把 item.id 作为参数*/}
    <button onClick={() => onEdit(item.id)} className="btn btn-primary">
编辑</button>
    <button onClick={() => onDelete(item.id)} className="btn btn-danger">
删除</button>
   </div>
   <h2>{item.title}</h2>
   <div className="item-text">
    <div dangerouslySetInnerHTML={{ __html: content }} />
   </div>
  </div>
 );
 ...
}
```

再来改造一个稍微复杂一些的 ItemEditor。

```
import React, { PropTypes } from 'react';

const propTypes = {
  item: PropTypes.object,
  onSave: PropTypes.func.isRequired,
  onCancel: PropTypes.func.isRequired,
};

class ItemEditor extends React.Component {
  render() {
    const { onSave, onCancel } = this.props;

    const item = this.props.item || {
      title: '',
      content: '',
    };
    //判断是否已经选择了 selectId，渲染按钮不同的文本
    let saveText = item.id ? '保存' : '创建';
    //传入回调包裹方法
    let save = () => {
      onSave({
        ...item,
        //this.refs 可以获取真实的 DOM 节点，从而取得 value
        title: this.refs.title.value,
        content: this.refs.content.value,
      });
    };

    return (
      <div className="col-md-8 item-editor-component">
        <div className="control-area">
          <button onClick={save} className="btn btn-success">{saveText}
</button>
          <button onClick={onCancel} className="btn secondary">取消</button>
        </div>
        <div className="edit-area">
          <input ref="title" placeholder="请填写标题" defaultValue={item.title}
/>
          <textarea ref="content" placeholder="请填写内容" defaultValue={item.
content} />
        </div>
```

```
      </div>
    );
  }
}

ItemEditor.propTypes = propTypes;

export default ItemEditor;
```

剩下的就不一一写在这里了，读者可以自己尝试添加。如图 4-5 所示为程序初始化页面，如图 4-6 所示为编辑文章页面。

图 4-5　程序初始化界面

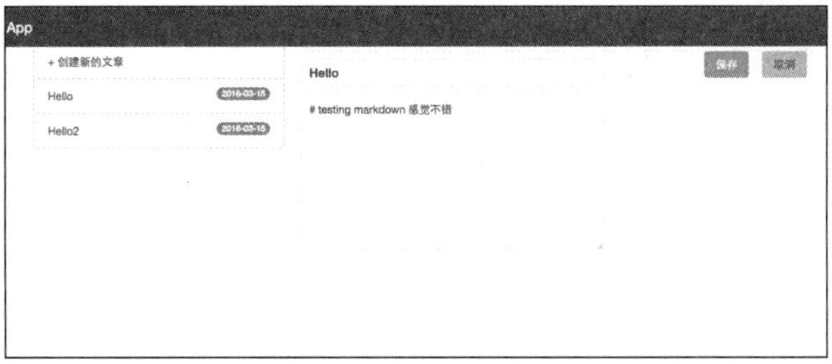

图 4-6　编辑文章界面

4.1.7　小结

到此已完成了 React 的第一个项目，你是否已经喜欢上这种组件化的开发方式了呢？以后当大家新建一个 React 项目的时候，不妨采用本章所介绍的方法来实现你的程序。

1．先画出程序的 Mockup 图。

2．将 Mockup 图划分成不同的组件。

3．实现静态版本的程序和组件。

5．将静态版本组合起来。

4．考虑 state 的组成和实现。

5．添加交互方法。

6．将这些组合在一起，完成最终的版本。

4.2 测试

4.1 节完成了 Deskmark 应用的开发，下面来介绍一下怎样测试该应用。

React 的一大特点就是以组件的方式构建应用，每个组件互相隔离，尤其是无状态组件，让测试变得更加容易。

4.2.1 通用测试工具简介

在了解 React 独特的测试方法之前，先了解两个测试前端代码的通用工具。

Mocha，是一款很流行的前端测试框架。它对浏览器和 Node.js 环境都有着良好的支持，而且它让异步测试变得更简单，它还有一系列的优点，可以在它的官方网站了解更多 Mocha.js[②]。

Chai，是一款优秀的断言库。上面所说的 Mocha 关注测试的总体结构，对断言没有支持，它让使用者有充分的自由选择自己最喜欢的断言库。在这里，我们使用 Chai 这个断言库，它提供了多种语法让你决定是使用 **TDD** 风格还是 **BDD** 风格的断言代码。

下面使用 Mocha 和 Chai 进行一个简单测试。先来安装这两个工具。

---

② 网址为：http://mochajs.org/。

```
npm install mocha -g
mkdir test
cd test
npm install chai
touch test.js
```

完成工具的安装以后，来写一些测试用例。

```
//test.js
//mocha 用 describe 来描述一组测试内容
//而用 lt 方法来描述一个单独的测试用例
describe('some simple tests', function() {
  lt('test equal', function() {
    ...
  })
})
```

下面再来简单了解一下 chai 这个断言库。它提供了 **assert**、**should**、**expect** 这 3 种类型的 API 来完成断言测试，在这里选用 expect 类型的 API，这种语法更贴近于正常人的思考方法。首先调用一个 expect 函数，传递你要测试的内容，然后通过后面一系列的链式调用，来完成相应的测试。

```
expect(4 + 3).to.equal(7)
```

这就是 expect 这种语法的思想，非常接近英语语法，写测试就像写一篇英文作文一样简单，而且测试的内容也更加清晰，即使没有用过这个库，也非常容易理解。

```
expect(4 + 3).to.not.equal(8)
```

从这个例子可以看出，只要加上 not 这个链式调用，就可以很轻松地完成取反的测试。

现在把两个库结合起来完成一系列简单的测试。

```
//test.js
var chai = require('chai');
var expect = chai.expect;

describe('some simple tests', function() {
   it('test equal ', function() {
   //测试相等
      expect(4 + 5).to.equal(9);
```

```
    })
    it('test not equal', function() {
    //测试不相等
      expect(4 + 5).to.not.equal(10);
    })
    it('test to be true', function() {
    //测试等于 true
      expect(true).to.be.true;
    })
    it('test object equal', function() {
    //测试对象的相等，这里对象默认是 ===
      expect({'name': 'viking'}).to.not.equal({'name': 'viking'});
    //使用 deep 以后，不是比较引用，而是比较值是否一一相等
      expect({'name': 'viking'}).to.deep.equal({'name': 'viking'});
    })
})
```

例子已经完成，因为 mocha 支持 Node.js 的环境，所以只要直接运行：

```
mocha test.js
```

就可以得到如图 4-7 所示的测试结果。

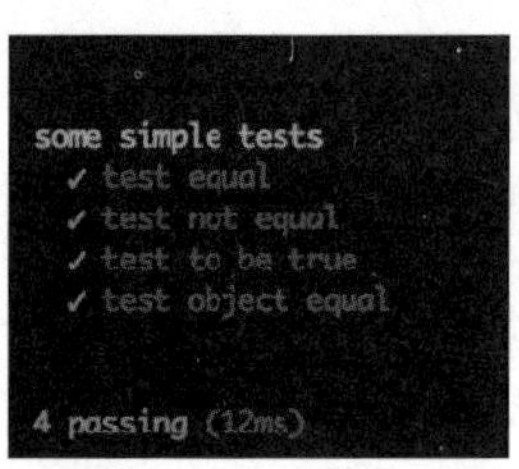

图 4-7　使用 mocha 和 chai 完成简单测试

4.2.2　React 测试工具及方法

Facebook 官方推出了一套专门的测试工具，被称为 **react-addons-test-utils**，但是这套工具的 API 方法复杂而且难记，所以用起来效果不是很好。因此，有其他开发者对这套工具做了封装，其中 Airbnb 推出的 Enzyme[③]用起来非常舒服。所以在后面

③ 网址为：https://github.com/airbnb/enzyme。

的例子中，不会介绍官方工具库的写法，而是采用 Enzyme 的写法。其实它们的原理是一样的，只不过 Enzyme 对官方的 API 进行了封装，用起来更加简便。

在第 3 章曾经讲过虚拟 DOM 的知识，一个 React 组件的实例其实就是一个虚拟 DOM 对象，而经过 render 方法以后会将虚拟 DOM 转化成真正的 DOM 对象。针对这两种类型的对象，提供了两种思路、两种测试方法。

- 虚拟 DOM 对象，本质上其实就是一个 JavaScript 对象，可以采用测试对象的一些方式来测试这个组件是否正常。
- 真正的 DOM 对象，在虚拟 DOM 对象挂载到 DOM 以后，可以通过测试一些真实的交互操作来测试 DOM 结构是否发生相应的变化以测试是否正常。

4.2.3 配置测试环境

在写测试之前，要将测试环境配置完毕，同样要安装 mocha 和 chai。要在 Deskmark 项目的根目录下进行安装。

```
npm install mocha chai ignore-styles --save-dev
```

在 package.json 中添加 test 的命令：

```
...
"scripts": {
  "build": "webpack",
  "dev": "webpack-dev-server --hot --host 0.0.0.0",
  "test": "NODE_ENV=production mocha --compilers js:babel-core/register
--require ignore-styles"
},
...
```

简单介绍一下这个命令。mocha 也可以使用编译器编译 JavaScript 代码，这里使用 Babel 这个编译器。因为现在的代码格式都是 ES6 的，而由于 webpack 允许直接在代码中 import 样式文件，例如 import './style.scss' 这种格式的代码，如果直接用 mocha 来运行这类代码，会报错，因为 Babel 无法解析这类 CSS 代码，所以需要一个插件来忽略这类型的代码，这个插件就是 ignore-styles。简单来说，运行 mocha 的时候可以接收某些类型的参数：--compilers 指的是指定文件格式的预编译器，而

--require 指的是运行测试之前需要引入的一些辅助插件。特别注意，在 Windows 环境下该命令应该为："test": "set NODE_ENV=production && mocha --compilers js:babel-core/register --require ignore-styles"。现在，环境已经测试完毕，在根目录下新建一个 test 文件夹，新建一个用来测试的文件 Enzyme.test.js。mocha 默认使用 test 作为测试的默认目录。

```
// test/Enzyme.test.js
...
describe("Testing all the components using Enzyme", () => {
  //codes here
})
...
```

4.2.4 Shallow Render

对应虚拟 DOM 对象，API 提供的是 Shallow Render 方法，其实就是生成虚拟 DOM 的实例，然后测试它的属性。这个方法是测试一些无状态组件的良方，这些组件没有 state，只有传入的属性，测试起来很方便。下面来测试一个 Deskmark 中的无状态组件——List.jsx。

```
...
import ListItem from '../ListItem';

function List({ items, onSelect }) {
  const itemsContent = items.map(
    item => (
      <ListItem
        item={item}
        key={item.id}
        onClick={() => onSelect(item.id)}
      />
    )
  );

  return (
    <div className="list-component">
      {itemsContent}
    </div>
  );
}
```

这个组件有一个子组件 ListItem，那么根据传入的 Items 数组的不同长度，应该生成不同长度的子组件。根据这个思路，下面来写这个测试。

这里先介绍 Enzyme 的第一个方法。

```
//渲染一个 shallow 组件对象
const wrapper = shallow(<MyComponent />);
//find 方法可以使用简单的 CSS 选择器查找到里面的元素，并且使用 text() 取得里面的值
expect(wrapper.find('h1').text()).to.equal('hello world');
//find 方法可以查找选择器或者一个 component 本身
wrapper.find('h1');
wrapper.find('#id');
wrapper.find('.some-class');
wrapper.find(Banner);
```

通过 shallow 方法可以使一个组件生成虚拟 DOM 的结构，然后通过 find 方法查看一些属性的值。

简单介绍了这个方法，下面可以开始写第一个测试。

```
//引入一些依赖
import React from 'react';
import { expect } from 'chai';
import List from '../app/components/List';
import ListItem from '../app/components/ListItem';
import { shallow, mount } from 'Enzyme';

describe("Testing all the SFC using Enzyme", () => {
  //添加一些测试数据
  const testData = [
    {
      "id": "6c84fb90-12c4-11e1-840d-7b25c5ee775a",
      "title": "Hello",
      "content": "# testing markdown",
      "time": 1458030208359
    }, {
      "id": "6c84fb90-12c4-11e1-840d-7b25c5ee775b",
      "title": "Hello2",
      "content": "# Hello world",
      "time": 1458030208359
    }
  ];
```

```
    //第一个测试用例
    it('test List component using Enzyme', () => {
      let list = shallow(<List items={testData} />);
      //直接查找用 testData 渲染以后应该有的 ListItem 的数量，结果应该和 testData 的长度
//一样
      expect(list.find(ListItem).length).to.equal(testData.length);
    })
  })
```

这里完成了对第一个无状态组件的测试，传入测试数组以后，渲染的子组件长度应该和数组长度相等，这就是测试的思路。那么对于 ListItem 这个组件的测试，应该是怎样的思路呢？传入正确的数据以后，在组件上渲染的数据应该和传入的相等。下面先来看一下 ListItem 的定义。

```
function ListItem({ item, onClick }) {

  return (
    <a
      href="#"
      className="list-group-item item-component"
      onClick={onClick}
    >
      <span className="item-title">{item.title}</span>
    </a>
  );
}
```

不难发现这里展示的数据是 title 字段，那么思路应该就是，取得 item-title 这个 span 的值以后，和传入的数据做对比。

```
...
it('test ListItem component using Enzyme', () => {
  let listItem = shallow(<ListItem item={testData[0]} />);
  //测试 item-title 的值是否等于传入的 data
  expect(listItem.find('.item-title').text()).to.equal(testData[0].title);
  //测试该组件是否含有这个 className
  expect(listItem.hasClass('list-group-item')).to.be.true;
})
...
```

注意 onClick 的事件交互就不在这里做测试了，交互事件往往和 DOM 相关，会

在后面统一测试。

这样就完成了两个无状态组件的测试。下面再举一个例子，有的组件随着传入数据的不同，界面也会有一定的变化，就比如说 ItemShowLayer 这个组件。

```
function ItemShowLayer({ item, onEdit, onDelete }) {
  if (!item || !item.id) {
    return (
      <div className="col-md-8 item-show-layer-component">
        <div className="no-select">请选择左侧列表里面的文章</div>
      </div>
    );
  }

  const content = marked(item.content);

  return (
    <div className="col-md-8 item-show-layer-component">
      <h2>{item.title}</h2>
      <div className="item-text">
        <div dangerouslySetInnerHTML={{ __html: content }} />
      </div>
    </div>
  );
}
```

可以发现当 item 没有传入的时候它会渲染一种界面，反之，则渲染另外一种界面，那么根据这一点和上面的知识来分别写两个测试用例。

```
...
it('test ItemShowLayer with no data using Enzyme', () => {
  let itemShowLayer = shallow(<ItemShowLayer item = {null}/>);
  expect(itemShowLayer.find('.no-select').length).to.equal(1);
  expect(itemShowLayer.hasClass('item-show-layer-component'));
})
it('test ItemShowLayer with data using Enzyme', () => {
  let itemShowLayer = shallow(<ItemShowLayer item={testData[0]}/>);
  expect(itemShowLayer.find('h2').text()).to.equal(testData[0].title);
  expect(itemShowLayer.hasClass('item-show-layer-component'));
})
...
```

根据上面 3 个组件的测试可以看出，针对无状态组件，测试的方法一般是根据传入的属性，判断是否生成了正确的对应数据，组件的书写方式极大地方便了这种测试。

读者可以试着去写其他无状态组件的测试用例，大同小异。

当测试用例写完的时候，只需要运行 npm test 来检查一下测试的结果。测试结果如图 4-8 所示。

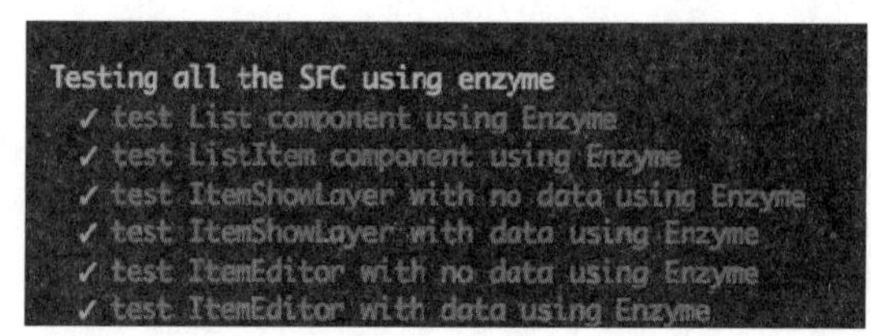

图 4-8　Shallow Render 测试结果

4.2.5　DOM Rendering

上面的方法是将组件渲染为虚拟 DOM 的结构，并没有完全挂载到真实的 DOM 节点上，所以对于一些用户交互之类的操作，比如单击或者是在 input 框中输入值，都难以做到。另外由于虚拟 DOM 最后还是会转化成真实的 DOM 结构，所以第二种测试的渲染模式就是 DOM 渲染的方法。和第一种相比，这种模式因为要插入 DOM 和操作 DOM 元素，所以速度要慢一些。因此，如果你不是测试和 DOM 相关的内容，那么应该尽量使用第一种模式。

在 Enzyme 中对应的是 **mount** 这个方法，通过它可以将组件渲染成真实的 DOM 结构。Enzyme 尽量保持两种渲染方式的 API 完全相同，这样就不需要特别记住两种不同的 API 了。

现在就来测试一下 Deskmark 整个程序中创建文章和删除文章的功能。这个思路是比较清晰的，只要做到与正常操作顺序完全一样就可以了。

- 首次加载 Deskmark 组件。
- 单击新建按钮，应该出现 ItemEditor 组件。

- 填写 input 的值和 textarea 的值，并且单击创建按钮。这时候 ItemList 应该不为空，并且有一条数据，条目的值应该和刚才填写的 input 值相同。
- 选择 ItemList 列表的第一个条目，ItemShowLayer 应该出现，并且标题的值应该等于条目的值。
- 单击删除按钮，这时候 ItemList 对应条目应该清空。

整理出了这样的逻辑以后，来写这个测试用例。这个用例不是那么简单，所以先在头脑中理一下或者在纸上写出操作的顺序，这样可以帮助你更好地完成测试。

```
  it('test Deskmark create one post and delete a post', () => {
    //使用 mount 方法挂载 DOM 结构
    let deskmark = mount(<Deskmark />);
    //单击新建条目按钮
    deskmark.find('.create-bar-component').simulate('click');
    //editor 组件应该出现，showLayer 组件应该消失，同时左侧列表条目应该为空
    expect(deskmark.find('.item-editor-component').length).to.equal(1);
    expect(deskmark.find('.item-show-layer-component').length).to.equal(0);
    expect(deskmark.find('.item-component').length).to.equal(0);
    //在 editor 的 input 和 textarea 中填写一些测试数据
    let input = deskmark.find('input');
    input.node.value = 'new title';
    input.simulate('change', input);
    let textarea = deskmark.find('textarea');
    textarea.node.value = '#looks good';
    textarea.simulate('change', textarea);
    //单击保存按钮
    deskmark.find('.btn-success').simulate('click');

    //showLayer 组件应该出现，editor 组件应该消失，同时左侧列表条目应该为 1
    expect(deskmark.find('.item-editor-component').length).to.equal(0);
    expect(deskmark.find('.item-show-layer-component').length).to.equal(1);
    expect(deskmark.find('.item-component').length).to.equal(1);
    //itemList 的第一个条目应该和填写的标题相同
    expect(deskmark.find('.item-component').first().find('.item-title').
text()).to.equal('new title');
    //选择列表的第一条
    deskmark.find('.item-component').first().simulate('click');
    //showLayer 组件的 h2 元素应该有相同的标题
    expect(deskmark.find('.item-show-layer-component h2').text()).to.equal('new title');
    //单击删除按钮
    deskmark.find('.btn-danger').simulate('click');
```

```
  //itemList 组件应该为空
  expect(deskmark.find('.item-component').length).to.equal(0);
})
```

来运行一下，测试结果如图 4-9 所示。

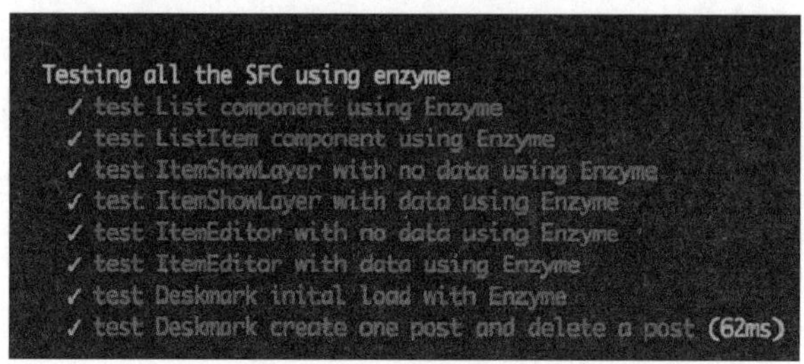

图 4-9　DOM Rendering 测试结果

通过截图也可以看出来，使用 DOM 测试所耗费的时间是最多的，达到了 62ms。

4.2.6　小结

本章介绍了 React 应用的两种测试方法。它们各有千秋，对于测试不同的内容，要注意的是，应该选择正确的测试方法，来提高测试的效率。在本章中使用的 API 只是 Enzyme 所有 API 的冰山一角，主要是为了给读者介绍一个比较高效的测试流程，想使用更多方法的读者可以自行关注一下 Enzyme 的官方文档[4]。

④ 网址为：https://github.com/airbnb/enzyme/tree/master/docs。

第 5 章　Flux 架构及其实现

由第 4 章开发完毕的 Deskmark 可以看出，React 的核心就是组件，而且它负责的就是 view 的处理。但是当应用的复杂程度增加的时候，Deskmark 的 state 就会变得越来越复杂，那么只用 React 开发将会变得力不从心，需要新的工具处理。不仅仅是 view 层级的内容，还有其他层级的内容，比如说数据流向、state 管理、路由解决方案等。React 的开发者推出了 Flux 架构及官方实现，力图解决这些问题。同时，业内也推出了很多其他的 Flux 实现，其中又以 Redux 这个库为翘楚。那么，在本章中将会学习到 Flux 和 Redux 的基础实现，同时每个库都会配合一个实例来帮助理解。

5.1　Flux

Flux 是 Facebook 官方提出的一套前端应用架构模式。它的核心概念就是单向数据流。

它更像是一种软件开发模式，而不是具体的一个框架，所以基于 Flux 存在很多的实现方式。其实，用 Flux 架构开发程序不需要引入很多代码，关键是它内在的思想。

5.1.1 单向数据流

单向数据流是 Flux 的核心。读者有可能接触过 MVC 这种软件架构，它的数据流动是双向的。controller 是 model 和 view 之间交互的媒介，它要处理 view 的交互操作，通知 model 进行更新，同时在操作成功后通知 view 更新。这种双向的模式在 model 和 view 的对应关系变得越来越复杂的时候，就会遇到很多困难，难以维护和调试。

针对 MVC 的这个弊端，Flux 的单向数据流是怎么具体运作的呢？

下面的图 5-1 可以给你一个粗略的印象。

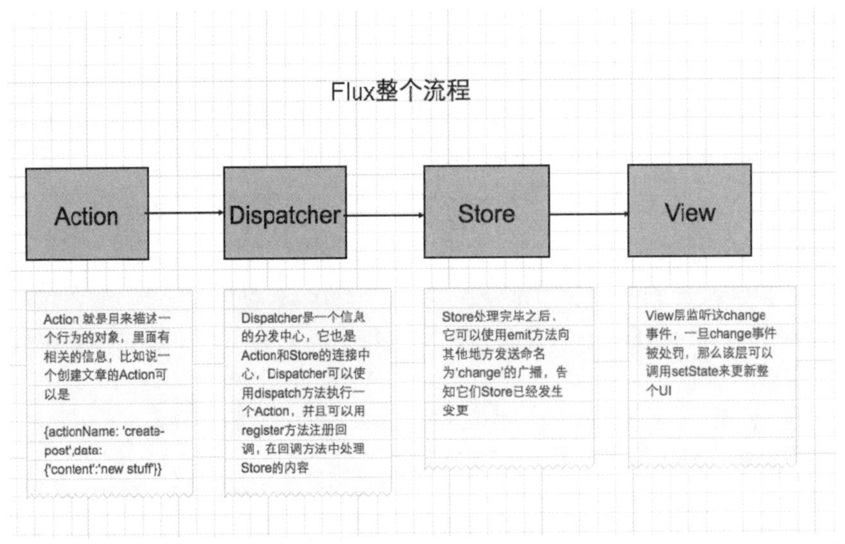

图 5-1　Flux 数据流

看完这张图，也许你还是蒙在鼓里，那么，现在来用 Flux 架构完成一个 Todo 待办事项的小程序。下面会把其中的 3 个步骤分解开来，让你一步一步地理解 Flux 的含义。

本章完成的完整代码示例可以参考 https://github.com/vikingmute/webpack-react-codes/tree/master/chapter5/part1。

最后完成的程序如图 5-2 所示。

这是今天的待办事项

- 删除 first one
- 删除 2nd one
- 删除 3rd stuff

创建新的Todo

图 5-2　Flux 完成的 Todo 程序

5.1.2　项目结构

按照 Flux 数据流的几个模块，把程序分为下面这种结构。

- components/
  - Todo.jsx（程序框架）
  - List.jsx（待办事项列表）
  - CreateButton.jsx（新建待办事项按钮）
- actions/
  - TodoAction.js（程序中所有的 action）
- dispatcher/
  - AppDispatcher.js（程序中的总调度）
- stores
  - TodoStore.js（管理程序中数据的存放）

5.1.3　Dispatcher 和 action

你可以把 Dispatcher 看作是一个调度中心，可以把 action 看作是应用程序的各种交互动作，而每一个动作产生后（例如例子中的新建 Todo 或者是删除 Todo）都会交给 Dispatcher 这个调度中心来处理。Dispatcher 有 Facebook 的官方实现，称为 Flux Dispatcher。

```
// dispatcher/AppDispatcher.js
// 实例化一个 Dispatcher 并且返回
import { Dispatcher } from 'flux';

export default new Dispatcher();
```

新建或者删除一个 Todo 都会产生一个 action。

```
// Todo.jsx
...
import TodoAction from '../actions/TodoAction';
...
class Todo extends React.Component {
  constructor(props) {
    this.createTodo = this.createTodo.bind(this);
    this.deleteTodo = this.deleteTodo.bind(this);
  }
  createTodo() {
    //创建 Todo 的事件回调
    TodoAction.create({ id: uuid.v4(), content: '3rd stuff' });
  }
  deleteTodo(id) {
    //删除 Todo 的事件回调
    TodoAction.delete(id);
  }
  render() {
    return (
      <div>
        <List items={this.state.todos} onDelete={this.deleteTodo} />
        <CreateButton onClick={this.createTodo} />
      </div>
    );
  }
}

export default Todo;
```

当按钮被单击时会发生什么？一个特殊的 action 会被触发，并且交给 Dispatcher 处理。下面在 TodoAction 这个文件里面一探究竟。

```
// ./actions/TodoAction
import AppDispatcher from '../dispatcher/AppDispatcher';

const TodoAction = {
  create(todo) {
    AppDispatcher.dispatch({
      actionType: 'CREATE_TODO',
      todo
    });
```

```
  },
  delete(id) {
    AppDispatcher.dispatch({
      actionType: 'DELETE_TODO',
      id
    });
  }
};

export default TodoAction;
```

action 没有什么神奇的地方，它只不过是一个普通的 JavaScript Object，用一个 actionType 字段来表明这个 action 的用途，另外一个字段表明它所传递的信息。在上面的文件中：

```
//创建 Todo 的 action
{ actionType: 'CREATE_TODO', todo: todo }
//删除 Todo 的 action
{ actionType: 'DELETE_TODO', id: id}
```

在这里，dispatch 的是一个对象，但是当应用的复杂程度不断增加的时候，就可能在不同的 view 中 dispatch 相同的对象，而且必须有着相同的 actionType，还要记牢数据的格式，这都不利于代码复用，所以 Flux 提出了一个新的概念，称为 action creator，其实就是把这些数据抽象到一些函数中。就像在 TodoAction 里面写的一样。

```
//在 TodoAction 中定义的 Action Creators
const TodoAction = {
  //用一个函数包裹 AppDispatcher.dispatch 方法
actionCreator
  create(todo) {
    AppDispatcher.dispatch({
      actionType: 'CREATE_TODO',
      todo
    });
  },
  ...
};
```

那么现在调用 action 就可以像 Todo.jsx 中写的一样。

```
TodoAction.create({ id: uuid.v4(), content: '3rd stuff' });
```

5.1.4 store 和 Dispatcher

store，顾名思义，就是整个程序所需要的数据。store 是单例（Singleton）模式的，在整个程序中，每种 store 都仅有一个实例。现在来创建 TodoStore，它存放了所有的文章列表。不同类型的数据应该创建多个 store，假如程序里面存在用户信息，那么还可以新建一个 UserStore.js。

```
// ./stores/TodoStore.js
// 单件类型的一个 JavaScript Object
const TodoStore = {
  //存放所有文章的列表，里面有两条默认的数据
  todos: [{ id: uuid.v4(), content: 'first one' }, { id: uuid.v4(), content: 
'2nd one' }],
  getAll() {
    return this.todos;
  },
  addTodo(todo) {
    this.todos.push(todo);
  },
  deleteTodo(id) {
    this.todos = this.todos.filter(item => item.id !== id);
  }

};
```

Dispatcher 的另外一个 API 方法是 register，它可以注册不同事件的处理回调，并且在回调中对 store 进行处理。

```
// ./stores/TodoStore.js
...
AppDispatcher.register((action) => {
  switch (action.actionType) {
    case 'CREATE_TODO':
      TodoStore.addTodo(action.todo);
      break;
    case 'DELETE_TODO':
      TodoStore.deleteTodo(action.id);
      break;
    default:
      //默认操作
  }
```

```
});
```

每个 action 对应 dispatch 传过来的 action，包含 actionType 和对应的数据。store 是更新数据的唯一场所，这是 Flux 的重要概念。action 和 Dispatcher 并不和数据打交道，无法做数据操作。

现在了解了 Dispatcher 的两个重要方法。一个是 register 方法，负责注册各种 actionType 的回调，并且在回调中操作 store；而另一个是 dispatch 方法，这个方法用来触发对应类型的回调。

这是不是看起来非常眼熟？如果你接触过 Pub-Sub（订阅-发布）这种模型，肯定会不假思索地想到它，这两者确实有着很高的相似度。

```
var EventEmitter = require('events');

var myEmitter = new EventEmitter();

myEmitter.on('event', function(name) {
  console.log('message is ' + name);
});

myEmitter.emit('event', 'viking');

//message is viking
```

它们两者之间有两大区别。

- Dispatcher 的回调函数未订阅到一个特定的事件或者频道中，register 只接受一个函数作为回调，所有动作都会发送到这个回调中。
- Dispatcher 的回调可以被延迟执行，直到其他的回调函数执行完毕。

第二个区别在上面的介绍中没有体现，再来举一个例子。

```
//现在注册了多个监听
let d = new Dispatcher();
let token1 = d.register(...);

let token2 = d.register((payload) => {
  //确保 token1 先执行
  d.waitFor([token1]);
  //继续执行自己的逻辑
```

```
});
```

5.1.5 store 和 view

现在，store 已经发生了变化，是时候由它来通知 view，然后让 view 来展示新的数据了。现在的代码还没法完成这个功能，上面讲到了订阅-发布这种模型，如果给 store 添加上这个特性，那不是很方便就可以把 store 和 view 联系在一起了吗？在这里可以借助 Node.js 标准库 EventEmitter 在浏览器中的实现。

```
npm install events -save
```

```
//使用 Object.assign 方法把 EventEmitter.prototype 挂载到 TodoStore 上
const TodoStore = Object.assign({}, EventEmitter.prototype, {
  ...
  emitChange() {
    this.emit('change');
  },
  addChangeListener(callback) {
    this.on('change', callback);
  },
  removeChangeListener(callback) {
    this.removeListener('change', callback);
  }
});

AppDispatcher.register((action) => {
  switch (action.actionType) {
    case 'CREATE_TODO':
      TodoStore.addTodo(action.todo);
      //TodoStore 已经更改，发送一个广播
      TodoStore.emitChange();
      break;
    case 'DELETE_TODO':
      TodoStore.deleteTodo(action.id);
      TodoStore.emitChange();
      break;
    default:
      //默认操作
  }
});
export default TodoStore;
```

store 的变化已经使用 emit 方法广播出去，那么 view 层现在要做的就是接收到这个变化的信号，同时更新 UI。首先，要在组件刚初始化完毕的时候监听 store 的 change 事件，这样在 store 触发这个事件的时候，就会触发回调。那么，让我们回到最早的 Todo.jsx 组件中，在它的生命周期函数中加上这些事件监听，如下。

```
// Todo.jsx
class Todo extends React.Component {
  constructor(props) {
    super(props);
    this.state = {
      todos: TodoStore.getAll()
    };
    this.createTodo = this.createTodo.bind(this);
    this.deleteTodo = this.deleteTodo.bind(this);
    this.onChange = this.onChange.bind(this);
  }
  componentDidMount() {
    //初始化的时候在 store 中注册这个事件
    TodoStore.addChangeListener(this.onChange);
  }
  componentWillUnmount() {
    //组件卸载的时候记得要清除这个事件绑定
    TodoStore.removeChangeListener(this.onChange);
  }
  onChange() {
    //store 改变后触发的回调，用 setState 来更新整个 UI
    this.setState({
      todos: TodoStore.getAll()
    });
  }
  ...
}
```

到现在就完成了 Flux 的整个流程。当用户在 view 上有一个交互时，Dispatcher 广播（dispatch 方法）一个 action（就是一个 Object 对象，里面包含 action 的类型和要传递的数据），在整个程序的总调度台（Dispatcher）里面注册了各种类型的 action 类型，在对应的类型中，store（也是一个 Object 对象，实现了订阅-发布的功能）对这个 action 进行响应，对数据做相应的处理，然后触发一个自定义事件，同时，在 view 上注册这个 store 的事件回调，响应这个事件并且重新渲染界面。再来回顾本章刚开始那张描述 Flux 流程的图，是不是清晰了很多？

5.1.6 Flux 的优缺点

每种软件架构都有它特定的适用场景，Flux 也不例外。

实现 Flux 架构会增加你的代码量，本章的示例项目就是这样，它引入了大量的概念和文件，其实完全可以在一个组件内完成所有的需求。

使用 Flux 并不是为了简化代码量，而是因为它带来了清晰的数据流，并且合理地把数据和组件的 state 分离，对于做比较复杂的多人项目来说，这样是大有裨益的，保持了清晰的逻辑，数据流动更加明了，提供了可预测的状态，避免了多向数据流动带来的混乱和维护困难的问题。

所以不是所有的场景都适合 Flux，如果你的应用足够简单，全都是静态组件，组件之间没有共享数据，那么 Flux 只会给你徒增烦恼。根据项目决定使用正确的架构，也是要重点思考的部分。

5.1.7 Flux 的实现

Flux 只是一种单向数据流的思想，它不是一个具体的框架，从前面的代码可以看出，其实只需要一个简单的 Dispatcher 就实现了整个 Flux 的流程。所以，现在在业界有非常多基于 Flux 的框架。当下有一个 Redux 库非常流行，它提取了 Flux 的核心概念，并且还融入了自己独特的想法，同时这个库非常轻便（2KB），那么下面来讲一下 Redux，看看它蕴含了什么新的思想。

5.2 Redux

Redux 是 JavaScript 的状态容器，它提供了可预测的状态管理。Redux 可以运行在不同的环境下，不论是客户端、服务器端，还是原生应用都可以运行 Redux。注意，Redux 和 React 之间并没有特别的关系，不管你使用的是什么框架，Redux 都可以作为一个状态管理器应用到这些框架上。

5.2.1　动机

只看简介也许还是难以理解，那么先来谈论一下 Redux 的动机。就像本书刚开始介绍的一样，前端开发的应用真正变得越来越复杂，随着各种框架的推出，单页面应用也层出不穷，这些应用的状态（state）也变得复杂起来。状态其实就是这个应用运行的时候需要的各种各样的动态数据，它们可能来自服务器端返回的数据、本地生成还没有持久化到服务器的数据、本地缓存数据、服务器数据加载状态、当前路由等。

管理这些不断的变化令人非常苦恼，改变一个 model 的时候可能会引起其他无法预料的副作用，比如说其他 model 的变化或者 view 的变化。state 在何时、什么原因发生了改变都变得完全无法预测。

Redux 正是试图解决这个问题、**让 state 的变化可以预测的工具**。它是如何做到的呢？先来看一下它提出的三大定律。

5.2.2　三大定律

1. 单一数据源

整个应用的 state 存储在一个 JavaScript 对象中，Redux 用一个称为 store 的对象来存储整个 state。比如，在 Deskmark 添加上用户的概念的话，我们可以设计一个这样的结构来存储所有数据。

```
{
 posts: {
   isLoading: false,
   items: [
     {id: 1, content: 'hello world'}
   ]
 },
 user: {
   isLoading: false,
```

```
      userInfo: {
        name: 'viking',
        email: 'viking@me.com'
      }
    }
  }
```

2. state 是只读的

不能在 state 上面直接修改数据，改变 state 的唯一方法是触发 **action**。action 只是一个信息载体，一个普通的 JavaScript 对象。

这样确保了其他操作都无法修改 state 数据，整个修改都被集中处理，而且严格按顺序执行。

```
//使用 dispatch 触发 store 的改变
store.dispatch({
  type: 'CREATE_POST',
  post: {id: 2, content: 'hello there'}
});
//使用 getState 方法返回当前的 state
store.getState();
```

3. 使用纯函数执行修改

为了描述 action 怎样改变 state，需要编写 **reducer** 来规定修改的规则。

reducer 是纯函数，接收先前的 state 和处理的 action，返回新的 state。reducer 可以根据应用的大小拆分成多个，分别操纵 state 的不同部分。

纯函数的好处是它无副作用，仅仅依赖函数的输入，当输入确定时输出也一定保持一致。

```
//这就是一个 reducer，负责处理 action，返回新的 state
function posts(state = [], action) {
  switch (action.type) {
    case 'CREATE_POST':
      return [...state, action.post]
    default:
      return state;
  }
```

```
}
```

5.2.3　组成

上面讲述了 Redux 的兴起和三大特性。现在，借助这三大特点及一个例子，完整地讲述一下 Redux 几部分的组成。现在假设一个应用的 state 是如下这样的。

```
const initalState = {
  posts: [],
  user: {
    isLogin: false,
    userData: {

    }
  }
}
//一个典型的 blog 结构，posts 代表发布过的文章列表，user 代表用户的信息
```

现在用一个小例子来模拟一下 Redux 的整个流程。在这个例子中，会进行 3 个操作：新建文章、删除文章和用户登录，然后关注整个程序的 state 是如何变化的。

本章完成的完整代码示例可以参考 https://github.com/vikingmute/webpack-react-codes/tree/master/chapter5/part2。

1．action

action 是信息的载体，里面有 action 的名称和要传递的信息，然后可以被传递到 store 中去。传递的方法是利用 store 的 dispatch 方法，action 是 store 的唯一信息来源。上面提到的需求是完成 3 个操作，那么按如下方式来定义它们的 action。

```
//3 个 action 的命名
const CREATE_POST = 'CREATE_POST';
const DELETE_POST = 'DELETE_POST';
const USER_LOGIN = 'USER_LOGIN';

//对应地构造 3 个 action 的值
let createPostAction = {
  type: CREATE_POST,
  data: {id: 1, title: 'new title'}
```

```
};
let deletePostAction = {
  type: DELETE_POST,
  id: 1
};
let userLoginAction = {
  type: USER_LOGIN,
  data: {name: 'viking', email: 'viking@v.me'}
};
```

和 Flux 中一样，action 只是普通的 JavaScript Object，action 必须有一个 type 的属性值，它就像这个 action 的身份证一样，来表示这个 action 完成的功能。type 应该被定义成常量，因为它是唯一的，不能被修改的。当应用复杂程度上升的时候，可以把所有 action 的 type 统一到一个特定的模块下。

action creator。action creator 其实就是一个函数，用来创建不同的 action。这其实就是将一个函数改装了一下，返回的还是一个对象。

```
function createPost(data) {
  return {
    type: CREATE_POST,
    data: data
  }
}
function deletePost(id) {
  return {
    type: DELETE_POST,
    id: id
  }
}
function userLogin(data) {
  return {
    type: USER_LOGIN,
    data: data
  }
}
```

也许读者在这里会疑惑，为什么要用函数包装创建 action 的过程呢？看起来完全是多此一举。在同步的应用中，看起来没有什么特殊之处，但是在异步的应用中，就可以看出 action creator 的作用，在后面的章节会讲到这部分内容。

这个概念和 5.1 节 Flux 中讲的不同。在 Flux 中，一个 Action Creator 也是一个函数，但是它并不会返回一个 action，它通常会调用 dispatch 方法。

```
function createPostInFlux(content) {
 const action = {
  actionName: CREATE_POST,
  data: data
 };
 AppDispatcher.dispatch(action);
}
```

在 Redux 中，Action Creator 只是一个返回 action 的函数。

2. reducer

action 定义了要执行的操作，但是没有规定 state 怎样变化。reducer 的任务就是定义整个程序的 state 如何响应。

在 Redux 中，整个程序的所有数据存储在**唯一**一个 Object 中。

这是 Redux 不同于 Flux 的一个重要特性。Flux 可以有多个 store 来处理不同类型的数据，而 Redux 整个应用程序的 state 都在一个单独的 Object 中。

完全可以只写一个 reducer 来处理所有的 action，但是，当数据和 action 变得越来越复杂的时候，这个唯一的 reducer 就会变得臃肿不堪，所以最好的方法是将复杂的 reducer 拆分然后合并。根据初始的 state，很自然地想到把它拆分成 posts 和 user 两部分。

那么不妨写两个 reducer 来分别处理。reducer 没有什么神奇的地方，它只是一个**纯函数**，接收两个参数，输入之前的 state 和 action 对象，返回新的 state。纯函数没有副作用，给定相同的参数，它返回的结果永远都是相同的。

```
//将最初的结构分解成两个分离的 state
//初始化 states

const initalPostsState = [];

const initalUserState = {
 isLogin: false,
```

```
    userData: {

    }
  };

  function posts(state = initalPostsState, action) {
    switch(action.type) {
      //处理新建文章 action
      case CREATE_POST:
        return [...state, action.data];
      //处理删除文章 action
      case DELETE_POST:
        return state.filter((post) => {
          return post.id != action.id
        });
      default:
        return state;
    }
  }

  function user(state = initalUserState, action) {
    switch(action.type) {
      //处理用户登录
      case USER_LOGIN:
        return Object.assign({}, state, {
          isLogin: true,
          userData: action.data
        })
      default:
        return state;
    }
  }
```

将 3 个 action 的操作在 reducer 中一一对应起来。

特别注意：**不能改变 state 值**。在上面的函数中，使用 Object.assign 创建了一个 state 的备份，每次返回的都是新的对象，而不是直接改变了 state 的值，例如 state.items.append(action.content)。

上文中提到，所有的 state 数据在 Redux 中都存储在一个对象中，那么现在需要把两个 reducer 合并在一起。

```
const initalState = {
 posts: [],
 user: {
  isLogin: false,
  userData: {

  }
 }
}
//将这两个函数合并在一起
//还是一个纯函数，只不过是返回一个对象，并且分别把两个函数的运行返回值包括进去
function rootReducer(state = initalState, action) {
 return {
  posts: posts(state.posts, action),
  user: user(state.user, action)
 }
}
```

每一个函数只关心 state 的一部分，当应用变得越来越复杂时，可以把不同的 reducer 拆分到不同的文件中，这样会让文件结构和代码更加清晰合理。

同时 Redux 还提供了一个函数，可以完成和上面那个合并函数效果相同的工作。

```
import { combineReducers } from 'redux';
const rootReducer = combineReducers({
 posts,
 user
});

//效果等同于
function rootReducer(state = initalState, action) {
 return {
  posts: posts(state.posts, action),
  user: user(state.user, action)
 }
}
```

3．store

在了解 Redux 之前，action 和 reducer 听起来比较晦涩，其实它们没什么难懂的地方，action 不过是一个特殊的 Object，它描述了一个特定的行为；而 reducer 就是

一个函数，接收数据和 action，返回唯一的值，它会根据这些不同的 action 更新对应的 state 值。

store 就是这两者的黏合剂，它能完成以下这些任务。

- 保存整个程序的 state。
- 可以通过 getState()方法访问 state 的值。
- 可以通过 dispatch()方法执行一个 action。
- 还可以通过 subscribe(listener)注册回调，监听 state 的变化。

在前面的介绍中，其实没有用到任何 Redux 的代码，而 store 是 Redux 实现的第一个概念。

```
import { createStore } from 'redux';

//创建了 store，reducer 这个纯函数作为参数
let store = createStore(rootReducer);
```

使用 Redux 的 createStore 方法创建了 store，现在来调用 action。

```
//看一下 store 的初始状态
console.log(store.getState());
/*
[object Object] {
  posts: [],
  user: [object Object] {
    isLogin: false,
    userData: [object Object] { ... }
  }
}
*/
//监听 state 的变化，每次变化以后都 console.log 出来
store.subscribe(() => {
  console.log(store.getState());
});

//创建一篇文章
store.dispatch(createPost({id: 1, title: 'new title'}));
// 不用 actionCreator 也可以，直接 dispatch 这个 action
// store.dispatch({type: CREATE_POST, data: {id: 1, title: 'new title'}});
/*
```

```
[object Object] {
  posts: [[object Object] {
  id: 1,
  title: "new title"
}],
  user: [object Object] {
    isLogin: false,
    userData: [object Object] { ... }
  }
*/
// 再创建一篇文章
store.dispatch(createPost({id: 2, title: 'the second title'}));

/*
[object Object] {
  posts: [[object Object] {
  id: 1,
  title: "new title"
}, [object Object] {
  id: 2,
  title: "the second title"
}],
  user: [object Object] {
    isLogin: false,
    userData: [object Object] { ... }
  }
}*/
//删除第一篇文章
store.dispatch(deletePost(1));

//用户登录
store.dispatch(userLogin({name: 'viking', email: 'viking@v.me'}));
/*
[object Object] {
  posts: [[object Object] {
  id: 2,
  title: "the second title"
}],
  user: [object Object] {
    isLogin: true,
    userData: [object Object] { ... }
  }
}
```

```
*/
```

再改造一下程序，用 Handlebar 渲染数据到页面上看一下，如图 5-3 所示。

初始化状态

文章列表: 总数 0

用户信息： 是否登录：false

创建两篇文章

文章列表: 总数 1

- 1 --- new title

用户信息： 是否登录：false

文章列表: 总数 2

- 1 --- new title
- 2 --- the second title

用户信息： 是否登录：false

删除一篇文章

文章列表: 总数 1

- 2 --- the second title

用户信息： 是否登录：false

用户登录

文章列表: 总数 1

- 2 --- the second title

用户信息： 是否登录：true

用户邮箱：viking@v.me 用户名：viking

图 5-3　Redux 程序运行界面

就这样完成了例子中的几项交互，可以看出 state 的变化非常清楚，很容易回溯、调试错误，这就是整个 Redux 的核心思想。

5.2.4　数据流

Redux 是严格的单向数据流，类似 Flux，可以让程序逻辑更加清晰、数据完全可控。应用中的数据变化都遵循相同的周期，这就是 Redux 的口号，**可以预测**的 JavaScript 状态容器。

根据上面的例子，可以总结出 Redux 的数据流分为这样几步。

- 调用 store.dispatch(action)，来执行一个 action。
- store 调用传入的 reducer 函数，store 的来源就是 reducer，const store =createStore(rootReducer)。当前的 state 和 action 会传入到 reducer 这个函数中。
- reducer 处理 action 并且返回新的 state。在 reducer 这个纯函数中，可以根据传入的 action，来生成新的 state 并且返回。
- store 保存 reducer 返回的完整 state。可以根据 store.getState()来取得当前的 state，也可以通过 store.subscribe(listener)来监听 state 的变化。

5.2.5　使用 middleware

middleware，顾名思义，即中间件。如果你开发过基于 Express / Koa 的 Web 服务器，你很可能接触过这个概念。在 Express / Koa 这样的服务器端框架中，中间件扮演着对 request / response 统一进行特定处理行为的角色，它们可以接触到 request、response 以及触发下一个 middleware 继续处理的 next 方法。

Redux 中 middleware 的设计也较为相似，它们在 action 被 dispatch 时触发，并提供了调用最终 reducer 之前的扩展能力。middleware 可以同时接触到 action 信息与 store 的 getState、dispatch 方法。middleware 可以在原有 action 的基础上创建一个新的 action 和 dispatch（action 转换，用于可异步 action 处理等），也可以触发一些额外的行为（如日志记录）。最后，它也可以通过 next 触发后续的 middleware 与 reducer 本身的执行。

在这里，用打印日志作为例子，一步步地改造这个功能，不仅让读者知道 Redux 是怎样使用 middleware 对应的 API 的，还要了解 middleware 是怎样产生和运作的。

1．手动添加 log 信息

现在，需求是这样的，每次 dispatch 一个 action 的时候，若想记录下当前被触发的 action 和 state 的状态，那么可以像如下这样来写。

```
let action = addTodo('Use Redux');

console.log('dispatching', action);
store.dispatch(action);
console.log('next state', store.getState());
```

这样就可以完成任务，但是每次使用的时候都要写这些重复的代码来完成同样的任务，这显然不是一种简便的方法。

2．覆盖 store.dispatch 方法

store.dispatch 只不过是对象上面的一个方法而已，那么，直接覆盖掉这个方法是不是就可以完成这个任务了呢？来尝试一下。

```
//保存一份备份
let next = store.dispatch;
```

```
//覆盖这个方法
store.dispatch = function dispatchAndLog(action) {
  console.log('dispatching', action);
  let result = next(action);
  console.log('next state', store.getState());
  // 返回 action
  return result;
}

store.dispatch(addTodo('Use Redux'));
```

现在已经能够完成当前提出的任务了。当然，直接覆盖掉原生 API 这种做法看起来不是一个很好的办法。

3．添加多个 middleware

现在又要提出一个新的问题，如果要完成多个功能怎么办？另外，又有一个新的需求，要在触发 action 的时候添加一个 try/catch 来捕获里面有可能出现的错误，依然使用上面的方法照猫画虎即可。

```
function patchStoreToAddLogging(store) {
  let next = store.dispatch;
  store.dispatch = function dispatchAndLog(action) {
    console.log('dispatching', action);
    let result = next(action);
    console.log('next state', store.getState());
    return result;
  }
}

function patchStoreToAddCrashReporting(store) {
  let next = store.dispatch;
  store.dispatch = function dispatchAndReportErrors(action) {
    try {
      return next(action);
    } catch (err) {
      console.error('Caught an exception!', err);
      throw err;
    }
  }
```

```
    }

    //依次调用这两个函数就可以覆盖掉原来的 store.dispatch，最后获得增强的 store.dispatch
//方法
    patchStoreToAddLogging(store);
    patchStoreToAddCrashReporting(store);

    //这时候再调用 store.dispatch 方法，已经具有了 log 和 try/catch 的功能
    store.dispatch(addTodo('Use Redux'));
```

4．curry 化 middleware

前面已经说过直接覆盖 API 是一种另类的 hack 做法，当时为什么会覆盖 store.dispatch 方法呢？第一当然是为了调用这个函数获得新的功能，还有一个重点是获取前一个 middleware 已经修改过的这个方法，这样，store.dispatch 方法就会像滚雪球一样，功能越来越多，其实这就是一种链式调用的方法。还有一种方法可以实现这种方法，那就是把 store.dispatch 的引用作为参数传递到函数中，而不是直接改变它的值。那么可以尝试修改成如下这种类型。

```
function logger(store) {
  return function wrapDispatchToAddLogging(next) {
    return function dispatchAndLog(action) {
      console.log('dispatching', action);
      let result = next(action);
      console.log('next state', store.getState());
      return result;
    }
  }
}
```

这是一种currying[①]的写法，curry 化的本质是在调用函数的时候传入更少的参数，而这个函数会返回另外一个函数并且还能继续接收其他的参数。这里再用 ES6 的写法改造一下，可以看得更明确一些。

```
const logger = store => next => action => {
  console.log('dispatching', action);
```

① 网址为：https://en.wikipedia.org/wiki/Currying。

```
  let result = next(action);
  console.log('next state', store.getState());
  return result;
}
```

这其实就是 Redux middleware 的最终写法，它将 store、next（store.dispatch 的副本）和 action 依次传入。在中间件中，可以直接使用 store.getState()等 API 方法。

5．简单版本的 applyMiddleware 方法

最后需要把 middleware 和 store.dispatch 方法结合起来，提供一个叫 applyMiddleware 的方法来完成这项任务。

```
//这不是 Redux 最终的实现，在这里只是写出了这个方法的工作原理
function applyMiddleware(store, middlewares) {
  //读入 middleware 的函数数组
  middlewares = middlewares.slice();
  middlewares.reverse();

  //保存一份副本
  let dispatch = store.dispatch;
  //循环 middleware，将其依次覆盖到 dispatch 方法中，还是一种类似滚雪球的方法
  middlewares.forEach(middleware =>
    dispatch = middleware(store)(dispatch)
  )
  // 到这里 dispatch 这个函数已经拥有了多个 middleware 的魔力
  // 返回一份 store 对象修改过的副本
  return Object.assign({}, store, { dispatch });
}

store = applyMiddleware(store, [logger, crashReporter]);
store.dispatch(addTodo('Use Redux'));
```

注意，这个方法不是 Redux 的最终实现，这里仅仅是写出了工作原理，使用 applyMiddleware 后返回的是一个增强型的 store，store.dispatch 方法也将两个中间件融合了进去。

6．Redux 的最终实现

Redux 最终提供的 middleware 使用方式也很简单，它暴露了一个辅助方法

applyMiddleware，传入所有需要被使用的 middleware，返回一个 store enhancer，如下。

```
applyMiddleware(...mids) : createStore => enhancedCreateStore
```

因此，一个简单使用 middleware 的方式就是使用这里的 enhancer 来处理原先的 createStore 方法，得到新的 createStore 方法，并使用新的 createStore 方法来创建 store。

```
const createStoreWithMiddleware = applyMiddleware(logger, crashReporter)
(createStore);
const store = createStoreWithMiddleware(rootReducer);
```

不过，从 Redux v3.1.0 开始，createStore 方法特定添加了 enhancer 参数，它作为最后一个可选参数存在，我们就可以不用手动创建 createStoreWithMiddleware 了。

```
import { createStore, combineReducers, applyMiddleware } from 'redux'

let rootReducer = combineReducers(reducers);
let store = createStore(
  rootReducer,
  // applyMiddleware()作为createStore的第二个参数
  applyMiddleware(logger, crashReporter)
)

// 现在store.dispatch已经有了两个中间件的效果了
store.dispatch(addTodo('Use Redux'))
```

大多数时候我们都使用第三方开发的、提供特定扩展能力的 middleware。必要的时候，也可以自己实现 middleware 用于自己的项目，它们往往是那些具有一定普遍性（适用于一类，而不是有限的 action）的处理逻辑。

第 6 章　使用 Redux

第 5 章介绍了 Flux 和 Redux 的基础知识和实现，本章将把 Redux 用到实战中。首先介绍 Redux 和 React 是怎样完美配合的，然后把第 4 章完成的 Deskmark 程序基于 Redux 加以改造，完成后读者可以对比一下两种方法实现的异同。

6.1　在 React 项目中使用 Redux

Redux 把自己定位成为一般的 JavaScript 应用提供状态的容器，通过极为有限的几个接口来提供强大的功能。

不过不难看出的是，Redux 着眼于对状态整体的维护，而不会产生出具体变动的部分。React 是一个由状态整体输出界面整体的 view 层实现，因此非常适合搭配 Redux 实现。那么在 React 项目中，如何使用 Redux 才是比较合适的做法？有哪些要注意的点呢？

6.1.1　如何在 React 项目中使用 Redux

在 Redux 的使用中，创建 store 的方式总是相似的。当我们在说如何使用 Redux 的时候，说的其实是如何获取并使用 store 的内容（状态数据），以及创建并触发 action 的过程。

1. 从 store 获取数据

首先，来看如何获取并使用 store 中的状态数据。

- **属性传递**

Redux 的特点是单一数据源，即整个应用的状态信息都保存在一个 store 中，因而需要由 store 将数据从 React 组件树的根节点传入。为了在数据变化时更新界面，还需要对 store 进行监听。

```
function render() {
   const state = store.getState();
   React.render(
      <App state={state}/>,
      document.getElementsById('app')
   );
}

store.subscribe(render);
render();
```

这样，在组件 App 中，可以通过 this.props.state 获取状态信息。组件 App 可以进一步将状态信息以 props 的形式传递给其子孙节点，像如下这样。

```
class App extends React.Component {
   render() {
      return (
         <Header content={this.props.title} />
      );
   }
}
```

正如例子中的组件 Header，每个组件都可以从上层节点获取它所需要的信息。

然而，在项目规模变大、组件树层级变多时，我们会发现一些弊端。为了说明这一点，首先来看一个例子。

这个例子是一个 TodoList，应用的根节点是组件 App，页面的底层部分被我们抽取为组件 Footer。在页面底部提供了一些链接：“All”、“Active”及“Completed”，它们可作为筛选的条件对当前展示项进行切换。如单击“All”的时候，列表展示所有项；单击“Active”时，列表只展示当前进行中的项。我们把这部分功能单独做成一个组件 TodoFilter。那么，现在组件是如下这样一个层级关系。

```
App -> Footer -> TodoFilter
```

我们的数据如下。

```
{
   "filter": "all",
   "list": [
      {
         "text": "Hey!",
         "completed": false
      },
      {
         "text": "Yo!",
         "completed": true
      }
   ]
}
```

组件 App 中引入组件 Footer，组件 Footer 中包含了组件 TodoFilter，组件 TodoFilter 中会包含我们所说的用于切换筛选条件的链接。当前生效的筛选条件所对应的链接需要被高亮，因此 TodoFilter 需要获取状态中的 filter 信息。按照前面总结的状态数据获取方式，这份数据需要由组件 TodoFilter 的父节点，即组件 Footer 传递过来，组件 Footer 的数据又由组件 App 提供。那么，组件 Footer 与 TodoFilter 一样，都要求有 filter 这样一个属性，如下。

```
TodoFilter.propTypes = {
   filter: PropTypes.string.isRequired
};

Footer.propTypes = {
   filter: PropTypes.string.isRequired
};
```

问题开始浮现出来：当应用中的一个组件需要某份数据的时候，这个组件，以及它所有的祖先节点（除了根节点外），都需要添加一个对应的属性来为它层层传递这份数据。尤其是这里的组件 Footer，它的定位只是展示页面底部信息，这样一个原意不涉及业务逻辑的组件，被要求通过属性获得一个 filter 的数据是不合理的。这不仅让组件 Footer 本身的接口变得令人费解，也造成了组件 Footer 与其内容的耦合。当增删 Footer 中与 Footer 本身行为无关的子元素的时候，需要额外地修改 Footer 的接口，以及插入 Footer 的代码。

这一问题在组件树层级变多时会急剧地恶化，因为如果某个组件处在组件树的第 *n* 级，那么夹在这个组件与提供数据的根节点之间的 *n*-1 个组件，都是像上述 Footer 那样的受影响者。每修改一个属性，或增删一个组件，都需要 *n*-1 处改动，这是无法想象的维护成本。

该如何解决这个问题呢？

- **组件自行获取状态数据**

一个显而易见的思考方向是，如果像上例中的 TodoFilter 这样的组件自己去获取 store 中的数据，而不依赖父节点的传入，*n*-1 的噩梦便不复存在。

对应的做法是，把 createStore 的结果通过一个独立的模块以 module export 的方式暴露出来，所有组件都可以直接去 import 这个模块获得 store，然后对 store 进行 subscribe。

```
// store.js
import reducers from 'reducers';
export default createStore(reducers);
```

```
// TodoFilter.js
import store from 'store';
export default class TodoFilter extends React.Component {
  constructor() {
    super();
    this.state = {
      filter: null
    };
  }
  componentDidMount() {
    store.subscribe(() => {
      this.setState({
        filter: store.getState().filter
      })
    })
  }
```

```
    render() {
        //界面渲染
    }
}
```

为了将状态反映到界面，可以将这部分数据放到组件的 state 中。在合适的时机（在组件挂载完成后）对 store 进行监听，在 store 每次更新时，取出其中的最新数据，并通过组件本身的 setState 方法来更新组件的 state 信息，这个方法会自动触发组件的重新渲染，从而使界面得到同步。

通过这种方式，我们顺利地解决了前面所遇到的问题，但是细想之下，我们的做法依然存在一些问题。

① 组件私自与 store 建立联系，导致数据流难以追溯。

② 拥有内部 state 的组件不便于测试。

③ 在每个需要访问 store 的组件中都实现一份 subscribe&setState 这样的逻辑略显烦琐。

幸而，相比先前，这些都可以算是小问题，这些问题有没有成熟的、通用的方案来避免呢？将在后面介绍。

2. 创建与触发 action

在前面介绍过，在 Flux 架构中，store 的状态改变必须由 action 引起，除了获取与使用状态数据外，另一个组件与 store 打交道的方式便是创建与触发 action。在 Redux 中，这个过程包含两个部分。

- 创建 action，即使用 actionCreator。
- 触发 action，即通过 store.dispatch 将上一步得到的 action 作用到特定的 store 上。

下面将分别讨论这两部分行为。

- 从 actions 获得 actionCreator。
- 如何获得 dispatch 方法。

在获取创建与触发 action 的方法时，面临了与获取 store 中数据相似的问题。不难发现的是，获取触发 action 的方法 dispatch 与获取 store 中的数据是类似的逻辑，可以通过相似的方式来实现。下面将介绍针对这一问题的官方答案：react-redux。

6.1.2　react-redux

react-redux 是 Redux 官方提供的 React 绑定，用于辅助在 React 项目中使用 Redux，其特点是性能优异且灵活强大。

它的 API 相当简单，包括一个 React Component（Provider）和一个高阶方法 connect。

1. Provider

顾名思义，Provider 的作用主要是“provide”。Provider 的角色是 store 的提供者。一般情况下，把原有的组件树根节点包裹在 Provider 中，这样整个组件树上的节点都可以通过 connect 获取 store。

```
ReactDOM.render(
   <Provider store={store}>
      <MyRootComponent />
   </Provider>,
   rootEl
)
```

2. connect

connect 是用来“连接”store 与组件的方法，它常见的用法是如下这样的。

```
import { add } from 'actions';

function mapStateToProps(state) {
   return {
      num: state.num
   };
}

function mapDispatchToProps(dispatch) {
   return {
      onBtnClick() {
```

```
            dispatch(add());
        }
    };
}

function Counter(props) {
    return (
        <p>
            {props.num}
            <button onClick={props.onBtnClick}>+1</button>
        </p>
    );
}

export default connect(mapStateToProps, mapDispatchToProps)(Counter);
```

在这个示例中，我们通过 connect 让组件 Counter 得以连接 store，从 store 中取得 num 信息并在按钮单击的时候触发 store 上的 add 方法（这里的 add 是个 action creator，执行结果是一个 action）。

- enhancer

为了便于理解上面的例子中发生了什么，首先介绍下 connect(mapStateTo Props, mapDispatchToProps) 的执行结果——一个典型的“高阶组件”（HoC，higher-order components），这里我们称之为 enhancer。

高阶组件是指符合以下条件的函数：接收一个已有的组件作为参数，并返回一个新的组件，后者将前者封装于内部。一般使用高阶组件都是为了对已有的组件进行某些能力上的增强，很像对一个类或 ES5 写法的 React 组件使用 Mixin 产生的效果，这也正是这里称之为 enhancer 的原因。那么作为 connect 方法的产物，这里的 enhancer 会对传入的组件进行怎样的增强呢？

答案是接触到 store 的能力。原有的组件，如上例中的 Counter，不直接与 store 打交道，甚至不知道 store 与 Redux 的存在，而经过 enhancer 处理得到的组件，即上例中最终被 export 的内容，能够直接接触到 store，监听、读取状态数据并触发 action。这里的 store，就是先前通过 Provider 引入的 store。react-redux 通过 React 在 0.14 版本引入的 context 特性实现了 store 内容的隐式传递：Provider 作为整个组件树的根节点，通过实现 getChildContext 方法将 store 提供给它的子孙节点们，而 enhancer 通过组件的 context 属性获取 store 对象，从而可以调用其提供的 subscribe、getState、dispatch 等方法。针对分别作为参数与返回值的两个组件的特点，将作为参数传入 enhancer 的组件称为展示组件，而将其返回的结果组件称为容器组件。

那么这个 enhancer 是怎么制作出来的呢？它所产出的容器组件又是怎么具体地操作了 store，从而将数据与行为交给了最初定义的展示组件 Counter 的呢？谜底就在 connect 方法中。

connect 是一个高阶函数，接收 3 个参数 mapStateToProps、mapDispatchToProps 及 mergeProps，并返回 enhancer。enhancer 的作用已经不必多说，它决定了被返回的容器组件的行为，而 enhancer 的行为又由 connect 方法决定。下面，首先简要说明下在 connect 被调用时，它的 3 个参数各自的作用。

- mapStateToProps

mapStateToProps 要求是一个方法，接收参数 state（即 store.getState()的结果），返回一个普通的 JavaScript 对象，对象的内容会被合并到最终的展示组件上。简单地说，mapStateToProps 就是从全局的状态数据中挑选、计算得到展示组件所需数据的过程，即从 state 到组件属性的映射，正如它的参数名所暗示的："map state to props"。这个方法会在最初 state 发生改变时，被调用并计算出结果，结果会被作为展示控件属性影响其行为。这部分控件属性被称为 stateProps。

在我们的例子中，mapStateToProps 返回了只有一个字段 num 的对象，字段 num 的值为 state.num 的值。这意味着展示组件 Counter 可以通过 this.props.num 获取 state.num 的值。

- mapDispatchToProps

mapDispatchToProps 的命名风格与第一个参数类似，不难推断它的作用："map dispatch to props"，即接收参数 dispatch（正是 store 的 dispatch 方法），并返回一个普通的 JavaScript 对象，对象的内容也会被合并到最终的展示组件上。对应于 mapStateToProps，一般用于生成数据属性，mapDispatchToProps 一般用于生成行为属性，即典型的 onDoSth 这样的回调，被称为 dispatchProps。

在上述的例子中，mapDispatchToProps 返回的结果中包含了展示组件 Counter 的属性 onBtnClick。Counter 会在内部的“+1”按钮被单击时调用 onBtnClick 方法，在这个方法中，我们通过 add 方法创建了一个 action，并将其传入 dispatch 进而触发。

需要注意的是，mapStateToProps 与 mapDispatchToProps 均可以接收第二个参数 ownProps，即传递给容器组件，需要被透传给展示组件的属性，用到的时候在函数定义中声明第二个参数即可。

- mergeProps

mergeProps 用于前面说的 3 种属性 stateProps、dispatchProps 及 ownProps 的合并。默认地，它们会通过 Object.assign 进行简单的合并。也可以通过指定 mergeProps 实现的方法，在合并前做一些数据的处理与方法的绑定等操作。在大部分情况下，这都不是必要的。

完整地讲解 react-redux 的 API 并不是我们的目的，我们可以从项目主页中获得更详尽的文档。前面的介绍主要是希望帮助读者了解其工作方式与原理。如果你已经准备好了，我们将进一步了解其设计细节与思路，以便解决最初的疑惑：React 组件应该如何与 Redux 的 store 交互。

3. 设计考量

现在再回头看 react-redux 库的整体设计思路，就会比较清晰了：以 Provider 与 connect 各为一端，在 store 与 component 间建立了一条纽带。一方面，纽带的实现细节被隐藏，使用者无须关心对 store 进行监听并做出响应的过程，只需要声明式地实现全局状态数据到具体组件使用数据的映射关系；另一方面，所有对于 store 的读取与作用都被限制为有限的形式，避免了对于全局单一状态数据的滥用。后面我们将看到，这种限制也是 redux-react 应用低调试难度的基础。

不过，即便基于以上提到的考虑，仍然可以实现很多种不同形式的 redux-react 绑定。Provider 与 connect 这两个接口是不是可以合并成一个？为什么 connect 方法实现为这种比较复杂，甚至有点难用的形式？下面将从这几个显而易见的问题入手尽可能深入地去分析其原因。如果你有别的疑问而没有得到解释，也可以尝试通过类似的思路来探究。

- Provider 与 connect 是不是可以合并成一个接口

这是一个很容易提出来的疑问，既然 Provider 与 connect 一起只是为了完成让组件接触到 store 的使命，那么这个行为是不是可以简化为通过一个接口/方法实现呢？我们不妨假设可行，然后来尝试看看。

一个让给定的组件接触到给定 store 的接口，不难想象，应该是像下面这样的。

```
import myConnect from 'my-react-redux';
import store from '../store';

function Counter(props) {
    //……
}

export default myConnect(store, mapStateToProps, mapDispatchToProps)
(Counter);
```

我们成功地实现了这样一个方法，它独立解决了 redux-react 的 Provider 与 connect 配合才能解决的需求。那么比较一下，使用接口的组件实现与使用 Provider 和 connect 的组件实现，区别在哪儿呢？

由于在调用 myConnect 这个方法时，需要同时传入 store 与组件 Counter，这导致了必须在这个容器组件的实现里引入 store。相比之下，Provider 与 connect 的组合允许只在实现应用根节点的地方引入 store，传入 Provider。那么这意味着什么呢？

在组件的实现中，引入 store 意味着这个组件跟所依赖的 store 天然地绑定了，如果只在一个项目（对应了唯一的一个 store）中使用这个组件，那么这不是问题，但是如果希望在另外一个项目中复用这个组件，我们需要修改其代码，以替换其依赖为新项目中的那个 store。而避免这一问题的方式就是将 store 以某种形式传入。props 是一种方式，然而它面临了前面提到的逐层传递的问题，这里，react-redux 采取了 context 的方式。这样，只需要在新的项目中，同样在根节点通过 Provider 将 store 置于其 childContext 中，原先的组件就可以使用了。类似的场景是，如果移动了创建 store 的代码的位置，需要更新所有 import 了这个 store 的组件代码，而 Provider 配合 connect 的方式只需修改 Provider 引入处的代码。不难总结，这种方式以增加了一个接口的代价，抽取了组件树中获取 store 的公共逻辑，提高了容器组件本身的灵活性。

- 为什么 connect 方法实现为这种比较复杂，甚至有点难用的形式

connect 扮演了将组件连接到 store 的角色，本质上说，就是变相将调用 store 的 getState 与 dispatch 的能力提供给组件，并通过 store 的 subscribe 方法，在 store 中状态发生变化时更新组件的 props，触发重新渲染。然而它的使用方式却不那么直观，它并没有把 store 直接暴露出来，而是将其 getState 的结果 state 与 dispatch 方法分别暴露给了传入 connect 的两个函数，并将其结果 merge 进组件的 props。

其实细想不难理解，store.subscribe 本身是可以被抽取的逻辑——依赖 store 中数据的组件几乎肯定需要在依赖的数据更新时做相应的更新。将这个逻辑抽取出之后，剩下的自然就是每次 store 更新后从新的 state 计算得到新的 props 的逻辑，这与 React 每次改动都从头完整地走一遍 render 的思想极其相似，它允许声明式地撰写业务逻辑。而依赖 state 的 props 往往是数据属性，依赖 dispatch 方法的往往是回调函数性质的属性，将二者分开便于 connect 方法内部做针对性的性能优化。通过很多复杂的手段实现性能上的优化是 react-redux 库很重要的内容。

另一方面，connect 本身作为一个高阶函数，让很多习惯命令式编码风格的人接受起来有一点吃力。这在 React 的应用中是很常见的做法，React 倾向于通过高阶组件，而不是继承或 Mixin，来实现组件的复用。然而在使用高阶组件时，往往需要进行自定义的配置，所以可以提供一个函数，依据其接收的参数动态地生成高阶组件，然后再使用这个高阶组件对目标组件进行处理。在这里，connect 就是这个函数，mapStateToProps 及 mapDispatchToProps 就是配置信息，用来配置生成的高阶组件的行为。

6.1.3 组件组织

前面提到，Provider 与被 connect 处理的组件是一对多的关系，Provider 的使用明确简单，但 connect 却容易让人困惑。一个很容易产生的做法是，对组件树中的每一个节点统一添加 connect 处理过程，这样每个组件都可以方便地读取与影响 store。然而，稍微思考不难发现，相比每个组件都通过父节点传入 props 获取依赖信息，这种做法走向了另一个极端，它与应用中所有地方使用同一个全局变量的行为极其相似，看似便利，实则完全牺牲了组件的复用性与可维护性。

所以可以得到这样一个结论：总有一些组件，它们应该从父级通过属性获得部分或全部信息，另外一些组件，它们通过 connect 方法直接获取全局唯一的状态数据。可是新的问题是，哪些组件的哪些数据应该从属性来，哪些又该从 connect 来呢？下面将针对这个问题，介绍被社区广泛认可的做法。关于这部分内容，Redux 作者 Dan Abramov 在他的文章《Presentational and Container Components》中讲得很好，下面部分内容参考了这篇文章。

1. 展示组件与容器组件

首先要引入两个概念：展示组件（Presentational Component）与容器组件（Container Component）。所有的 React 组件都可以被分为这两种组件，顾名思义，前者专注于界面的展示，而后者为前者提供容器。下面将借助这些特点来帮助我们更明确地区分这两个概念。

- 展示组件
  - — 关心应用的外观。
  - — 可能会包含展示组件或容器组件，除此之外常常还会包含属于组件自身的 DOM 节点与样式信息。
  - — 常常允许通过 this.props.children 实现嵌套。
  - — 对应用的其余部分（如 Flux action 及 store）没有依赖。
  - — 不会指定数据如何加载或改变。
  - — 只通过 props 获取数据与行为（回调函数）。
  - — 极少会包含自身的状态（state），如果有，一定是界面状态而非数据。
  - — 一般都写成函数式组件（functional component），除非需要包含状态、生命周期钩子或性能优化。
  - — 典型的例子：Page、Sidebar、Story、UserInfo、List。
- 容器组件
  - — 关心应用如何工作。
  - — 可能会包含展示组件或容器组件，但通常不会包含 DOM 节点（除包裹用的 div 外），一定不会包含样式信息。
  - — 为展示组件或其他容器组件提供数据与行为（回调函数）。
  - — 调用 Flux action，并将其作为提供给展示组件的回调函数。
  - — 往往是有状态的，扮演数据源的角色。

— 往往无须手工实现，而是通过高阶组件生成，如 react-redux 提供的 connect()、Relay 提供的 createContainer()及 FluxUtils 提供的 Container.create()等。
— 典型的例子：UserPage、FollowersSidebar、StoryContainer、FollowedUserList。

这么做有什么好处呢？

一来通过职责将组件明确地区分开了，应用的界面与逻辑都会变得更清晰。

二来这种区分帮助我们更好地复用组件：展示组件具有更好的复用性，它们可以通过包裹不同的数据源成为不同的容器组件。如 UserList 可以被分别包装成为 FollowedUserList 与 FollowingUserList，只需要实现各自获取 userList 数据的逻辑即可。

最后，这让我们展示一个无逻辑的界面成为可能——只需要组装展示组件，然后给它们提供 mock 的数据，就足以完成界面的全貌。

经过以上的介绍，不难发现，这里的容器组件在基于 react-redux 的项目中正是那些通过 connect 的结果函数处理得到的组件，而展示组件是被作为参数传入或组成其他展示组件的那些组件。如何组织项目中的 connect 行为这个问题，在这里等价于如何组织项目中的展示组件与容器组件。

2. 组织不同类型的组件

下面介绍一下如何合理地组织展示组件与容器组件。

首先，尽可能通过纯展示组件（除根节点外）来完成应用的搭建，所有组件的数据与行为都通过 props 从其父节点获取。然后很快会遇到之前提到的问题：需要将很多内容逐层地传递下去，以便叶子节点使用。现在便是时候引入容器组件了。考察那些逐层传递属性的行为，对于一个中间组件，如果某些数据仅仅用来向下传递给它的子节点，则自己并不消费。每次它的子节点所需的数据发生变化，都要相应地修改它的 props 以适应变化，那么这些数据往往并不应该由它来提供给它的子节点。通过对子节点进行 connect 产生一个新的容器组件，由它直接从 store 中获取数据并提供给子节点，这样，中间组件就无须传递这些并不是它本身依赖的数据。这是一个不断迭代优化的过程，重复这样的步骤可以帮助我们找到一个个应该插入容器组件的地方，让应用结构变得越来越合理。

6.1.4　开发工具

Redux DevTools 是 Redux 的作者编写的开发辅助工具，针对基于 Redux 的项目。

Redux DevTools 提供了很多强大的功能，主要有：

- 查看 store state 与 action 的内容。
- 撤销或重新执行 action 的能力，即所谓的“时间旅行”（Time Travel）。
- 修改 reducer 代码后自动重新执行先前的 action 以恢复应用状态。
- reducer 错误捕捉。
- 借助 persistState() store 增强工具，可以在刷新页面后恢复应用先前的状态。

Redux DevTools 的使用稍显复杂，它有多种形式的工具面板（被称为“monitor”）可供选择，不同的工具面板会提供不同的功能与交互方式。如果你希望更灵活地选择工具面板与使用方式，可以直接安装包 redux-devtools 以及你想使用的工具面板所对应的包（如 redux-devtools-log-monitor、redux-devtools-dock-monitor 等），然后以 React 组件的形式使用。

这里会推荐直接使用 Chrome 扩展 Redux DevTools Extension。它集成了多种流行的工具面板，且不需要在项目中安装额外的包。使用它只需要如下两步。

1．安装 Chrome 扩展。

2．修改项目中创建 store 的代码。

扩展本身在 Chrome 扩展商店可以找到，搜索“Redux DevTools”即可，安装方法同一般的 Chrome 扩展一样。

然后修改创建 store 的代码，具体做法是添加 window.devToolsExtension()作为 store enhancer，即 createStore 方法的最后一个参数。

```
const store = createStore(
  reducer,
```

```
    initialState,
    //这里会检查页面上是否存在 window.devToolsExtension，避免在没有安装扩展的环境下执
//行出错
    window.devToolsExtension && window.devToolsExtension()
);
```

有时候，项目中已经引入了一些 middleware（applyMiddleware 的结果本身就是 store enhancer）或别的 store enhancer，如下。

```
const store = createStore(
    reducer,
    initialState,
    applyMiddleware(mid1, mid2, mid3)
);
```

这时，需要将现有的 enhancer 与 window.devToolsExtension()组合后传入，组合可以使用 Redux 提供的辅助方法 compose。

```
import { createStore, applyMiddleware, compose } from 'redux';
const store = createStore(
    reducer,
    initialState,
    compose(
        applyMiddleware(mid1, mid2, mid3),
        window.devToolsExtension ? window.devToolsExtension() : f => f
    )
);
```

compose 的效果很简单：compose(f,g)的行为等价于(...args) => f(g(...args))，因此这里在 window.devToolsExtension 不存在时使用 f => f 替代，其结果 compose(g, f => f)的行为等价于 g。

修改完成后，在 Chrome 中打开页面，然后打开开发者工具，其中会多出一个 Tab 叫“Redux”，点开发现效果如图 6-1 所示。

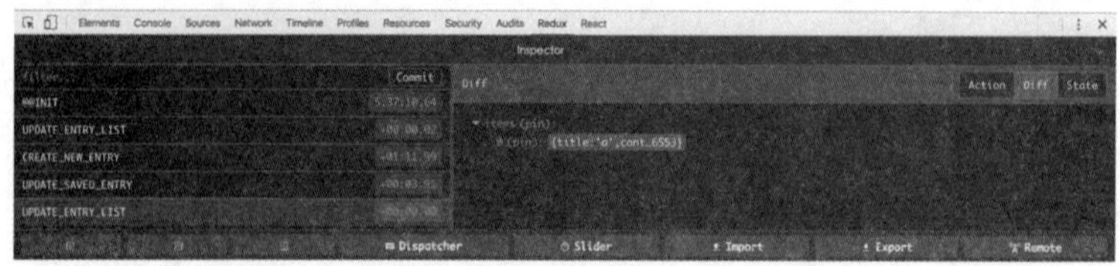

图 6-1 Redux DevTools Extension

这里默认展示 Inspector 面板，可以查看所有的 action 列表（左侧）、每个 action 的内容及其造成的 state 变化（右侧）。也可以选择其他面板，如 Log Monitor、Chart、Dispatcher 及 Slider 等。这些工具的使用都很简单，这里就不一一介绍了。

6.2　使用 Redux 重构 Deskmark

6.1 节中介绍了如何在 React 项目中使用 Redux，这里将借助第 5 章的例子——Deskmark，通过重构 Deskmark 来进一步了解基于 Redux 的应用开发（Redux 版本 Deskmark 的完整代码见 chapter6/part1/）。

6.2.1　概要

1．整体步骤

经过前面对于 Redux 的介绍，我们知道，Redux 将应用非 UI 的逻辑拆分为以下几个部分：action（action creator）、store（reducer）及 selector，而 UI 逻辑主要依赖基于搭配使用的 UI 库所提供的组件实现，如 React 的组件。因而，在开始开发一个 React + Redux 应用，或向其中添加新的功能时，往往遵循如下这样的步骤。

① 整理 action，实现 action creator。

② 设计 store state，实现 reducer。

③ 划分界面内容，实现展示组件。

④ 通过容器组件连接 store 与展示组件。

这里，重构 Deskmark 的过程也将据此进行，因为是基于已有的 React 应用，故第③步可以省去，下面将着重介绍第①、②、④步。

2．目录结构

从源代码的目录结构中往往可以窥探到应用的结构组成与逻辑分布，先来回顾一下现有的 Deskmark 的目录结构。

```
app/
    - components/
    - app.jsx
```

需要注意的是，这里看上去整个应用的内容只有组件（UI 逻辑），实则是把非 UI 的逻辑也放在了 React 的组件实现中：组件 Deskmark 的实现中包含了应用状态的操作与维护。引入 Redux，便是要把这部分逻辑从组件实现中抽离出来。在新的 Deskmark 版本中，应用实现的目录结构是下面这样的。

```
app/
    - actions/
    - components/
    - reducers/
    - utils/
    - app.jsx
```

不难发现，这次的目录结构多出了 actions、reducers 与 utils 这 3 个部分。其中，为了让应用变得更复杂一点，添加了笔记内容持久存储的功能，并通过异步接口与持久存储交互，这部分逻辑在 utils/storage.js 中。除 utils 外，actions 与 reducers 便是典型的 Redux 应用的逻辑组成。后续将逐一详细介绍。

6.2.2 创建与触发 action

首先来整理应用中所有的行为——action。

定义一个 action 主要分 3 步。

1. 定义类型（action type）

这一步相当简单，我们将脑海中对于这一行为的称呼翻译为英文即可。以“选择文章列表中的某一条目”为例，即“select entry”。

```
const SELECT_ENTRY = 'SELECT_ENTRY';
```

一般将所有的 action type 都定义为常量，相比于使用事先约定的字符串字面量，使用统一定义好的常量有助于及时发现低级错误。这里将 action type 的定义与 action creator 的实现放在一个文件里，都 export 出去，这种方法适用于小型项目的组织方式。对于较大的项目，一般会将 action type 的定义与应用中的其他常量定义抽取出来，存放到如 constants 这样的目录中。

2. 定义 action 内容的格式

同样以选择文章列表中的某一条目为例，这一行为所需的必要信息很少，指定需要被选中的条目 ID 即可。

```
{
  type: SELECT_ENTRY,
  id
}
```

Redux 只对 action 的 type 字段有要求，要求是字符串或 Symbol。对其他的信息如何携带并没有明确的限制。这里，直接通过 action 的 id 字段携带了所需的条目 ID 信息，清晰简单。

一般在较大规模的项目中，会对 action 的格式做一定的约定，Flux Standard Action 是一个较常用的约定。有兴趣的读者可以深入了解下。

3. 定义 action creator

action creator 是用来便利地创建 action 的方法。大部分情况下，它简单地从参数中收集信息，组装成为一个 action 对象并返回。

```
function selectEntry(id) {
  return { type: SELECT_ENTRY, id };
}
```

如上例中的实现，selectEntry 就是一个 action creator，它接收要选择的条目 ID 作为参数，并创建一个 type 为 SELECT_ENTRY 的 action。但对于较为复杂的行为，其 action creator 往往会容纳较多的业务逻辑与副作用，包括与后端的交互（AJAX 请求等）。在介绍这种较复杂的例子时，先来了解一下 Redux 的 middleware。

6.2.3 使用 middleware

第 5 章已经详细介绍了 Redux 中 middleware 的来龙去脉及其使用，这里将要介绍 redux-thunk 与 redux-promise-middleware 这两个 middleware 库，将使用它们帮助我们更好地组织异步 action 的创建与逻辑触发。

1. redux-thunk

redux-thunk（本书使用版本 1.0.3）的存在允许 dispatch 一个函数（即这里所说的 thunk），而不是普通的 action 对象。它的逻辑也很简单，如果这次接收到的 action 的类型是函数，那么便直接调用它并将 dispatch 与 getState 作为参数传入。这样，在我们的 action creator 所返回的 thunk 内部，就可以获取 dispatch 与 getState，延迟 dispatch 或根据条件选择性 dispatch，甚至在一个 thunk 中多次 dispatch 都成为可能。

这里以加载条目列表的行为为例，介绍一下如何使用 redux-thunk 处理异步 action。

```
const UPDATE_ENTRY_LIST = 'UPDATE_ENTRY_LIST';

function updateEntryList(items) {
   return { type: UPDATE_ENTRY_LIST, items };
}

function fetchEntryList() {
   return dispatch => {
      storage.getAll()
         .then(items => dispatch(updateEntryList(items)));
   };
}
```

在上例中，其实共有两个行为：加载条目列表（fetch entry list）与更新条目列表（update entry list），前者发起加载操作本身，并通过后者最终作用到 reducer，更新 store 中的数据。注意到这里 fetchEntryList 方法并没有像 updateEntryList 那样返回一个常规的 action 对象，而是返回了一个箭头函数，函数的第一个参数即 dispatch 方法。在函数中，调用 storage.getAll()（storage 模块提供的用来获取所有条目的列表的方法，方法返回一个 promise），并在结果 promise resolve 时使用 dispatch 触发更新条目列表的行为。

值得说明的是，这里拆分 fetchEntryList 与 updateEntryList 的做法主要为了清晰易懂，不一定在任何情况下都是最合适的做法。

有一种常见的做法是，对于异步的 fetchEntryList 行为，定义 3 个 action type：FETCH_ENTRY_LIST_PENDING、FETCH_ENTRY_LIST_FULLFILLED、FETCH_ENTRY_LIST_REJECTED（_FULLFILLED 也可以是_SUCCEEDED，_REJCTED 也可以是_FAILED，或者其他类似的意思），然后在发起加载行为、加载成功及加载失败时分别 dispatch 这 3 种 type 的 action，reducer 一般针对 FETCH_ENTRY_LIST_FULLFILLED 做 state 更新即可。

而关于 action 对象的形状，流行的社区规范 Flux Standard Action（会在第 7 章对它做更深入的介绍）会推荐另外一种做法：仅定义 FETCH_ENTRY_LIST，通过 action 对象中的 error 字段标识本次行为是否成功。若成功，则字段 payload 中携带本次行为的信息，如本例中的 items；若失败，字段 payload 中携带本次行为的错误信息，一般是一个 Error 对象。

以上是两种较常见的做法，在应用规模较大，要以规范的方式组织应用中各种不同的异步行为时，会更推荐这两者，而不是例子中的 fetchEntryList 及 updateEntryList 的做法，例子中的做法需要针对每个异步行为做语义上的拆分，不具备普适性。

如果对这两种做法再稍做比较的话，那么，定义多个 action type 的做法：

- type 的值很直观，但将状态维度的信息引入到了全局的 action type 命名中。
- 天然地有利于做乐观更新（optimistic updates），即在 FETCH_ENTRY_LIST_PENDING 时做 state 更新，FETCH_ENTRY_LIST_REJECTED 时做回滚即可。

而 Flux Standard Action 的做法：

- 将同一行为的不同状态视作同一 type，可以减少对全局（action type 层面）命名的污染。但对应地，reducer 实现起来会略麻烦，不仅要像处理普通的同步行为一样对 type 做判断，还需要对 error 字段做判断。
- 不便于实现乐观更新，因为没有对应于前一种做法中 FETCH_ENTRY_LIST 行为的状态，除非引入额外的字段，或者添加到 meta 字段中

2. redux-promise-middleware

除了简单的 Redux 版本的 Deskmark 外，还实现了一个较为复杂的 Deskmark 版本（完整代码见 chapter5/part2/），通过它来示范如何实现与后端交互、维护资源加载状态等。为了更方便地实现这些功能，引入了另一个 middleware：redux-promise-middleware（版本 3.0.0）。

前面介绍了对于异步 action 的两种常见做法，redux-promise-middleware 的作用就是自动化完成前面一种实现。

```
function fetchEntryList() {
   return {
      type: FETCH_ENTRY_LIST,
      payload: storage.getAll(),
   };
}
```

只需要像创建普通 action 一样创建异步 action，不同的是这里 action 的 payload 字段的值是一个 promise，当发现这一点时，redux-promise-middleware 会在当时及 promise 被 resolve 或 reject 时分别创建并触发 type 为 FETCH_ENTRY_LIST_PENDING、FETCH_ENTRY_LIST_FULFILLED 或 FETCH_ENTRY_LIST_REJECTED 的 action。这样，只需要在 reducer 处响应 redux-promise-middleware 创建的 action 即可。

```
// chapter5/part2/app/reducers/entries/list.js
import * as ActionTypes from 'actions';

// 这里将原来的 entryList 数据放在 data 字段中
// 增加与 data 字段平级的 isFetching 字段标识该资源的状态
const initialState = {
   isFetching: false,
   data: [],
};

// 这两个方法会向传入的 action type 之后接上_PENDING 与_FULFILLED
// 得到该异步 action 所对应的被 redux-promise-middleware 处理后的 actiontype
const { pendingOf, fulfilledOf } = ActionTypes;

export default function (state = initialState, action) {
```

```
    const { type, payload } = action;

    switch (type) {

        // 开始请求 entryList，更新 isFetching
        case pendingOf(ActionTypes.FETCH_ENTRY_LIST):
            return {
                ...state,
                isFetching: true,
            };

        // 完成请求 entryList，更新 data 及 isFetching
        case fulfilledOf(ActionTypes.FETCH_ENTRY_LIST):
            return {
                ...state,
                isFetching: false,
                data: payload,
            };

        default:
            return state;
    }
}
```

可见，当异步操作结果可以使用 promise 表示时，redux-promise-middleware 会大大简化 action creator 实现。

上面介绍了普通 action 的实现，及在 middleware 的辅助下异步 action 的实现，其他的应用行为基本都可以归于其一或两者组合实现，这里不逐一介绍，感兴趣的读者可以参考示例代码。值得注意的一件事是，action creator 跟 action type 不一定是一一对应的，有的 action creator 可能没有真正严格对应的 action type，而是通过像 redux-thunk 这样的辅助工具组织并 dispatch 其他类型的 action，上面实现的 fetchEntryList 就是个典型的例子。

6.2.4　实现 reducer

在定义完 action 并实现了对应的 action creator 后，接着来实现 Redux 应用中另一个重要的组成部分：store。store 的实现更多地表现为 reducer，通过 reducer 创建

store 的代码往往很少，而且不包含业务逻辑。所以在讨论设计 store 的时候，讨论的其实往往是实现 reducer。

Deskmark 应用本身的状态其实比较简单，参考已有版本的实现，不难发现其中组件 Deskmark 的 state 基本上就是应用的状态。

```
this.state = {
   items: [],
   selectedId: null,
   editing: false,
};
```

这里做的事就是把这部分数据及其更新逻辑抽取出来。这里可以把这些数据大概分成两类：文章信息（items）、编辑器状态（editor）。这样就可以分别实现对应的 reducer 逻辑。

首先是文章信息如下。

```
import { UPDATE_ENTRY_LIST } from '../actions';

const initialState = [];

export default function items(state = initialState, action) {
   switch (action.type) {
      case UPDATE_ENTRY_LIST:
         return action.items;
      default:
         return state;
   }
}
```

在文章信息对应的 reducer 实现中，首先从 actions 的定义处获得所关心的 action type：UPDATE_ENTRY_LIST。后边是 reducer 的 initialState，因为文章信息是一个列表，所以初始值为一个空数组：[]。最后 export 出来的函数即是文章信息对应的 reducer，它是一个典型的 switch-case 过程，在 action type 为 UPDATE_ENTRY_LIST 时使用 action.items 替换已有的文章列表，否则使用原有 state。

编辑器状态所对应的 reducer 同理实现即可。

最后，通过 Redux 提供的 combineReducers 方法将已有的两个 reducer 组装起来。

```
import { combineReducers } from 'redux';
import items from './items';
import editor from './editor';

const rootReducer = combineReducers({
  items,
  editor,
});

export default rootReducer;
```

如果你有注意到 reducers 目录下的文件分布，不难发现我们有意地保持了 reducer 实现的文件名与 reducer 所对应的数据名称的一致性，即通过查看 reducers 下的目录结构，即可知道 store state 的数据结构，这在应用规模变大、store state 结构变复杂、需要拆分根 reducer 为很多甚至多层小的 reducer 时，会很有价值。

6.2.5　创建与连接 store

前面提到，基于原有的 Deskmark 项目，我们的组件几乎可以全部被复用，不过，那些包含需要被抽取到全局 store 中的内部状态（state）的组件例外。幸运的是，只有一个这样的组件，即组件 Deskmark。这里首先要做的就是把组件 Deskmark 拆分为一个展示组件与一个容器组件。

其中展示组件的部分依然取名为 Deskmark，其实现基本就是原组件 Deskmark 的 render 逻辑。

```
class Deskmark extends React.Component {

  componentDidMount() {
    this.props.actions.fetchEntryList();
  }

  render() {
    const { state, actions } = this.props;
    const { isEditing, selectedId } = state.editor;
    const items = state.items;
    const item = items.find(
      ({ id }) => id === selectedId
    );
```

```
    const mainPart = isEditing
      ? (
        <ItemEditor
          item={item}
          onSave={actions.saveEntry}
          onCancel={actions.cancelEdit}
        />
      )
      : (
        <ItemShowLayer
          item={item}
          onEdit={actions.editEntry}
          onDelete={actions.deleteEntry}
        />
      );

    return (
      <section className="deskmark-component">
        <nav className="navbar navbar-fixed-top navbar-dark bg-inverse">
          <a className="navbar-brand" href="#">Deskmark App</a>
        </nav>
        <div className="container">
          <div className="row">
            <div className="col-md-4 list-group">
              <CreateBar onClick={actions.createNewEntry} />
              <List
                items={items}
                onSelect={actions.selectEntry}
              />
            </div>
            {mainPart}
          </div>
        </div>
      </section>
    );
  }
}
```

可以看到，主要的区别在于，原来的数据是从 this.state 获得的，现在从 this.props.state 获得；原先的行为通过调用组件自身的方法、自身方法再调用 setState

进行状态更新，而现在通过 this.props.actions 获取行为对应的方法，直接调用。读者可能疑惑的是，为什么这边似乎直接调用了 action creator，而没有手动进行 dispatch。其实这里的 this.props.actions 上的方法并不是原先的 action creator，而是通过事先绑定 dispatch 得到的。接下来会介绍具体做法。

下面的容器组件，借助 react-redux 实现。

```
import { bindActionCreators } from 'redux';
import { connect } from 'react-redux';

import Deskmark from 'components/Deskmark';

//使用原来的 Deskmark 组件创建一个根组件
const App = connect(
  state => ({ state }),
  dispatch => ({
    actions: bindActionCreators(actionCreators, dispatch),
  })
)(Deskmark);
```

可以看到，这里简单地将整个 store state 的内容传递给了组件 Deskmark，并且通过 Redux 提供的辅助方法 bindActionCreators 将 actionCreators 和 store 的 dispatch 方法进行绑定，且作为 actions 属性传递给组件 Deskmark。bindActionCreators 的逻辑其实相当简单，就是对 actionCreators 中的每一项 actionCreator 进行绑定。

```
actionCreator => (...args) => dispatch(actionCreator(...args))
```

再通过对应的 key 组织为 object 返回。如果说原先 action creator 的行为是基于参数创建 action，那么绑定后的函数的行为就是基于参数创建并触发 action。这样在展示组件中就可以很方便地使用。

最后，就是创建 store 并作用于组件树，这部分在前面 Redux 的使用部分有过介绍，这里也不再赘述，有兴趣的读者可以参考 deskmark-redux 的代码。

第 7 章　React + Redux 进阶

在第 6 章中，学习了怎样把 React 和 Redux 结合在一起，并且将 Deskmark 用 Redux 加以改造，那么在本章中，将会探讨 React 和 Redux 的一些进阶话题。当一个应用开发完毕以后，有一些后续的问题和优化值得继续加以关注，会分为以下 4 个方面来探讨这些内容。

- 对 React 的一些典型误解加以总结和探讨。
- React 项目开发中的反模式。
- React 开发过程中的性能优化。
- 在 React 发展过程中出现的很多优秀社区产物。

7.1　常见误解

虽然 React 本身只是一个视图库，但它在传统前端的很多方面都提出了颠覆性的做法与崭新的概念，这些做法与概念在带来好处的同时也让使用者变得更加困惑。如果仅仅从传统的角度去理解 React，很多误解都会随之产生，本节将针对很多典型的误解做一些澄清，希望可以帮助读者更好地理解 React 的思想与做法。

7.1.1 React 的角色

"React 是完整的前端框架"。

React 通过 React.createClass（对应 ES6 写法下的 React.Component）提供了一套组件化方案，通过 Virtual DOM 搭配 JSX 几乎屏蔽了所有 DOM API，因此初学者很容易下意识地觉得它是一个完整的组件化框架，至少是像 Backbone 那样提供了整套的解决方案。事实上，React 提供的所有功能都局限于展现层面，如果与 Backbone 比较，不难发现 React 做的事情基本可以与 Backbone 的 view 部分对应。React Component 的初衷是提供界面级别的组件方案，是将业务逻辑写进 React Component 里的一种做法，但在应用逻辑变得复杂时，Component 内部的业务逻辑随之膨胀，会损失复用性与可维护性。

这也正是 Facebook 推出 Flux 架构及其实现的原因。将业务逻辑从视图组件中抽出来，分解为 action 的构造行为（action creator）与响应 action 对数据进行更新的行为（reducer），数据、逻辑及展现分离，清晰明了。

因此，你可以把 React 搭配某个 Flux 实现，再加上一些其他的 React 生态工具，这样的整体可以看成是完整的框架。但仅仅是 React 的话，显然并不是。

7.1.2 JSX 的角色

"JSX 是一种模板语法。"这个问题在前面介绍 JSX 的时候就提到过。JSX 的语法初看很像 HTML，但由于可以书写逻辑，整体看上去则很像一种特别的模板语法，只是它并不是 HTML，JSX 与传统 HTML 模板之间存在着质的差别。

一方面，书写 JSX 实际上是在构造 JavaScript 的抽象语法树（AST），其中每一个标签对应的是一个 JavaScript 表达式，而不像一般的模板引擎，对应的是最终填充到页面上生成的 HTML 代码。

另一方面，它的转换过程不是简单的文本替换，而是 AST 转换，以下的例子可以清晰地体现这一点。

对于传统的模板引擎，可以像下面这样书写（以 Handlebars 为例）。

```
<div class="sample {{addonClassName}}"
```

而在 JSX 中，如果如下这么书写：

```
<Component className="sample {addonClassName}" />
```

其中的{addonClassName}是不会生效的，“sample {addonClassName}”整体会被当成一个字符串，其中的{...}自然得不到处理。在 JSX 中，每一处被嵌入的 JavaScript 逻辑代码本身都必须是 AST 的一个独立节点，否则它无法被解析并替换。

7.1.3 React 的性能

“得益于 Virtual DOM，React 的渲染性能很好，甚至可以直接操作真实的 DOM。”

Virtual DOM 的性能优势是常常被人提及的一点，很多 React 初学者只知道操作 Virtual DOM 快，而不清楚具体发生了什么。

操作真实 DOM 的性能确实很差，然而要清楚的一点是，Virtual DOM 的改变最终还是要作用到真实的 DOM 上的。在谈到 Virtual DOM 的性能时，我们说的其实是一种粗暴的渲染行为：将整个界面全部替换（重新渲染）。在这种情况下，首先重新渲染得到相对轻量的 Virtual DOM，再通过对比（Diff）得到差异部分，再将差异部分像打补丁一样作用到真实 DOM 上，如此取得的性能提升是相对真实 DOM 的整体重新渲染而言的。

在实际的传统开发中，手动操作真实 DOM，手动指定更新部位及更新方式，虽然常常需要维护两份视图与数据的对应关系，且容易出错导致数据视图不匹配，但是手工更新行为的变更往往比对比计算的结果更精确。不排除 Virtual DOM 对比的计算结果要比手动指定更精确、改动范围更小的情况，但这种情况一般有限，何况由于多了渲染生成 Virtual DOM 并进行对比计算的过程，React 的方式在绝大部分情况下都是代价更大的。

以可接受的执行效率损失作为代价，换取极大的开发效率提升，这是一个趋势，使用 React 的同时，也是顺应这一趋势的过程。

7.1.4 “短路”式性能优化

“基于 shouldComponentUpdate 的‘短路’式优化应该被无限制地（甚至默认地）使用。”

基于 shouldComponentUpdate 的“短路”式优化（我们在后面的性能优化章节中会做更详细的介绍）是最常见的React应用性能优化手段。它通过在shouldComponentUpdate方法中对新旧 props 及 state 进行浅层比较（shallow compare），在认为 props 及 state 未发生变动的情况下返回 false，阻止组件重新渲染实现这一效果。类似地，ES6 写法创建的 React 组件也可以通过在 shouldComponentUpdate 中手动调用 shallowCompare 这样的辅助方法实现。在很多情况下，适当地利用这种工具可以大大提升应用的渲染性能，优化用户体验。

然而要注意的是，这样的手段基于两个前提。

1．组件本身的 render 方法是参数 state 与 props 的纯函数（“pure”），即对于未变化的 state 与 props，render 方法将返回相同的结果。

2．state 及 props 是不可变（immutable）的。

关于第 2 点，出于对复杂参数比对代价的考量，在实现中一般都只会进行浅层比较，即对 state 与 nextState、props 与 nextProps，遍历其键值对，要求每个键名对应的值严格相等。因此，如果其中有值是可变的数据，如 object，则其内容的变化是不会被检查出来的。这种情况下会发生数据变化了，但界面未进行更新的不匹配错误。

只有确保了以上两个前提的成立，使用这样的优化手段才不至于引入不被预期的错误。

正确性得到了保证，那么“短路”式优化就是万能膏药，哪里都适合了吗？恐怕未必。这种“短路”式优化很像缓存的工作机制，有命中，也有失败，在失败（即参数发生了变化，组件确实需要更新）的情况下，与不做任何优化相比，被优化版本的行为多出了额外的对象遍历与比较的开销。尽管这样的开销在大多数情况下都是不值一提的，但对于更新极其频繁的组件，其累计损失不可忽视。

因此，对于“短路”式优化，要针对应用的具体情况加以分析，在组件确实成为瓶颈且优化手段可以带来明显提升时再使用，而不是不加限制地到处套用。默认给所有组件添加上这样的特性也是不推荐的做法。

7.1.5 无状态函数式组件的性能

“无状态函数式组件默认享有‘短路’式优化吗？”

无状态函数式组件（Stateless Functional Component，后面简称为“SFC”）是被官方推荐尽可能采取的组件写法。一方面，官方声称将来可以对这种写法的组件进行针对性的性能优化；另一方面，SFC 要求被实现为基于该组件的 props 的纯函数，符合 PureRender 的条件。因此，一个常见的误解是，SFC 在渲染时是默认享有了“短路”式优化的。

事实上，截止到目前的 React v15.0.1 版本，SFC 尚未得到承诺的针对性优化。不过对于这类组件，其构造过程只是简单的函数调用，不需要后续对实例的维护工作，可以认为这本身就是一项收益。而基于参数比对的“短路”式渲染优化手段，正如前面提到的，存在两个前提。其中“state 及 props 是不可变（immutable）的”这一条并不能在 SFC 中得到保证，因而默认不被采取。

虽然 SFC 不具备寿命周期方法，自然也就没有 shouldComponentUpdate 方法作为参数比对的钩子，但是仍然可以通过高阶组件（Higher Order Component）的形式对 SFC 实施渲染前参数比对的处理。

具体做法是实现一个高阶组件，接收需要被优化的 SFC 作为参数，然后返回一个具有完整生命周期的组件实现，后者在 render 方法中直接返回前者的渲染结果，同时使用后者的 shouldComponentUpdate 方法作为实施优化的钩子，以下就是一个简单的例子。

```
export default function PureRenderEnhance (component) {
  return class Enhanced extends Component {
    shouldComponentUpdate() {
      return shallowCompare(this, nextProps, nextState);
    }
    render() {
```

```
        return React.createElement(component, this.props,
this.props.children);
      }
    }
  }
```

值得注意的是，先前关于“短路”式优化手段的顾虑仍然存在，这样的优化是否必要，依然需要根据实际情况进行考量。

7.2　反模式

继 7.1 节介绍了关于 React 的常见误解之后，本节来介绍 React 项目中典型的反模式。

首先，反模式是什么呢？

在软件工程中，一个反面模式（anti-pattern 或 antipattern）[①]指的是在实践中明显出现但又低效或是有待优化的设计模式，是用来解决问题的带有共同性的不良方法。

下面不会对所有软件工程中的反模式进行介绍，而是着重于 React 项目中那些常见的反模式做法，分析其出现的原因，并对应地介绍相对更合理的做法。

7.2.1　基于 props 得到初始 state

设置初始 state 的方式在不同写法的 React 组件实现里是不同的。在 ES5 的写法里，通过实现 getInitialState 方法来设置。

```
var Sample = React.createClass({
  getInitialState: function() {
    return { /* 初始 state */ };
  },
  //……
```

① 网址为：https://zh.wikipedia.org/wiki/反面模式。

```
});
```

在 ES6 的写法里，一般通过在 constructor 里对 this.state 进行赋值实现。

```
class Sample extends React.Component {
    constructor(props) {
        super(props);
        this.state = { /* 初始 state */ };
    }
    //……
}
```

不论是哪种方式，基于组件的 props 计算得到初始 state 往往都是典型的反模式。准确地说，这个行为本身并不一定是不对的，但这一行为的出现往往意味着 state 设计或是别的地方存在问题。以一个名字组件为例（后续均以 ES6 写法说明）。

```
class UserName extends React.Component {
    constructor(props) {
        super(props);

        // 通过拼接 firstName 与 lastName 得到 fullName
        this.state = {
            fullName: `${props.firstName} ${props.lastName}`
        };
    }
    render() {
        // 展示 fullName
        return (
            <span>{this.state.fullName}</span>
        );
    }
}
```

这个例子比较简单，应该不难理解。先说存在的问题：constructor 只会在组件初始化时执行一次（与 ES5 写法的 getInitialState 同理），在后续发生 props 更新时不会被调用，因此 this.state.fullName 的值不会随着组件 props 的变化而更新，界面也就不会更新。这时常见的反应是，那是不是应该在 componentWillReceiveProps 方法中基于新的 props 更新 state 呢？像如下这样。

```
class UserName extends React.Component {
    constructor(props) {
```

```
        super(props);

        // 通过拼接 firstName 与 lastName 得到 fullName
        this.state = {
            fullName: `${props.firstName} ${props.lastName}`
        };
    }
    componentWillReceiveProps(nextProps) {
        this.setState({
            fullName: `${nextProps.firstName} ${nextProps.lastName}`
        });
    }
    render() {
        //展示 fullName
        return (
            <span>{this.state.fullName}</span>
        );
    }
}
```

这时的代码就明显可以嗅到坏味道了。除了在初始化时需要依据初始的 props 计算出初始的 state，还需要在后续 props 更新时重复实现这样的逻辑以维护 state 的正确性。这时再回头检查，不难发现，问题的根源在于这里的 fullName 本不应该是组件 state 的一部分，即它并不是组件的内部状态，它只是一个依据组件的 props 可以计算出的一个结果。对于这样的数据，合适的做法是将计算过程放到 render 里。

```
class UserName extends React.Component {
    render() {
        const fullName = `${this.props.firstName} ${this.props.lastName}`;
        return (
            <span>{fullName}</span>
        );
    }
}
```

一个设计良好的 React 组件，其 state 与 props 包含的信息应该是正交的。如果 state 需要基于 props 计算得到，那么它们很有可能包含了重复的信息，这时就需要回头检视 state 与 props 的设计是否合理。

最后，需要说明一下，前面在声称这是“反模式”时强调了“往往”、“很可能”。

在一些例子中，某些 props 只是用来作为初始化 state 的“种子”信息的，二者不存在需要同步的关系，这种情况下在生成初始 state 时使用 props 就是合理的。比如一个计数器的 initialCount 属性、一个输入控件的 defaultValue 属性，这种情况的特点是，在 props 的命名里往往就说明了它只用于初始化。props 中的 initialCount 与 state 中的 count 显然没有包含重复的信息，因此这与上面提到的“state 与 props 包含的信息应该是正交的”并不矛盾。

7.2.2 使用 refs 获取子组件

习惯了传统的 JavaScript 组件化方案的开发者，往往会很熟悉手动实例化组件，然后读取其属性或调用其方法。在刚刚接触 React 时会较难接受这种通过 JSX 进行声明、React 自动实例化的方式，因为这样父组件没有持有子组件的引用，习惯的做法也就没法套用过来。因此，在开发他们的头几个 React 项目时，React 提供的 refs 是极常见的被滥用的功能。同样通过一个很典型的例子进行说明，在这个例子里有两个组件：通知组件（Notification）与某业务组件（Sample），业务组件通过通知组件展示通知信息。

```
class Notification extends React.Component {
  // 添加通知的方法
  notify(content) { /*...*/ }
  render() { /*...*/ }
}

class Sample extends React.Component {
  constructor(props) {
    super(props);
    this.onBtnClick = this.onBtnClick.bind(this);
  }
  onBtnClick() {
    this.refs.notification.notify('Button clicked!');
  }
  render() {
    return (
      <section>
        <button onClick={this.onBtnClick}>Click me!</button>
        <Notification ref="notification" />
      </section>
```

```
        );
    }
}
```

上例中，父组件 Sample 通过拿到子组件 Notification 实例的引用，调用其实例方法来达到展示特定通知信息的效果。这里的通知组件也可能是个模态框（Modal），notify 方法可能是模态框的 show/hide 方法，很多人应该都见过类似的例子。然而，这在 React 的项目里并不是一个最合适的做法。首先看它的问题，如下。

- 子组件多出了除 props 外的其他形式的对外接口，使用更复杂。
- 命令式的方法调用行为与 React 声明式的编程风格不一致。
- 调用行为不便追溯，数据本身也没有记录，增加了跨组件调试的难度。
- 无状态函数式组件在渲染时是不存在对应的实例的，也无法定义实例方法，这样的做法不通用。

那么更合适的做法是什么呢？很简单，用 React 提供的工具来解决这个问题。在 React 里。我们希望尽可能所有组件间的通信都是通过 props 完成的。

```
class Notification extends React.Component {
    render() {
        // 将通知内容作为props的一部分由外部传入
        const content = this.props.content;
        //……
    }
}

class Sample extends React.Component {
    constructor(props) {
        super(props);
        // 使用state记录下notification这份数据
        this.state = {
            notification: null
        };
        this.onBtnClick = this.onBtnClick.bind(this);
    }
    onBtnClick() {
        // 通过setState触发更新
        this.setState({
            notification: 'Button clicked!'
        });
```

```
        }
        render() {
            return (
                <section>
                    <button onClick={this.onBtnClick}>Click me!</button>
                    <Notification content={this.state.notification} />
                </section>
            );
        }
    }
```

与前面的情况类似的是，使用 refs 本身是没有问题的，但是这种使用 refs 获得子组件的引用以调用其实例方法来触发状态变更的做法往往是有问题的，因为它往往意味着这里得到了变更的状态信息，并没有把它抽取记录在某个地方（某个上层组件的 state 里或全局的 Redux store 里），在 React 的世界里显得用很不自然的方式来实现组件间的通信。不过，有时不得已需要操作原生 DOM（如获取 input 的 value），这种情况下通过 refs 获得实例（真实的 DOM 节点）是没有问题的。

7.2.3 冗余事实

React 是一个界面库，并不关心数据怎么组织；Redux 是一个状态容器，也不关心状态的具体形状。不过在组织与管理 React + Redux 项目的状态/数据时，有一个很简单的原则：事实只有一份，但这也是一个很容易被忽视的原则，与之对应地，冗余事实是典型的反模式。

7.2.1 节提到的“基于 props 得到初始 state”可以看成是冗余事实的某一具体表现，它对应的那些事实在 props 与 state 中各有一份情况。同理，这种冗余也可能存在于 Redux 的 reducer 与 reducer 之间（即状态数据的不同部分之间）、同一组件的不同 props 或不同 state 之间。简单地说，当我们消费数据的时候，如果某一份数据可以从不止一个来源（可能需要通过额外的计算）得到，那么这往往是有问题的。对 Redux 的 store state 的形状设计是这一问题的高发区，下面将就此举例说明。假设数据中包含一系列的书籍信息，不过每本书都有作者信息，所以拿到的书籍信息的结构是如下这样的。

```
// books
```

```
[
    {
        id: '123'
        name: 'book A',
        price: 20,
        author: {
            id: '456',
            name: 'author X',
            age: 30,
            country: 'China'
        }
    },
    // ……
]
```

如果只简单地这样存储书籍信息，那么就犯了一个典型的冗余事实的错误。在可能需要点击作者名字的时候，弹出一个卡片展示作者的信息，做法是通过点击作者这一行为携带的作者 ID，去 store state 中查询得到这个作者的完整信息，但这种形式的 state 要求遍历所有 book，检查其 author 信息。在不同的书籍对应同一作者的情况下，会出现冗余，将不能决定应该使用哪一份 book 中的 author 信息。此时一般都会增加一个与 book 信息平级的 author 这样的 reducer，将作者信息存放在其中，当需要查找作者信息时，就从 store state 的这一部分获取。

```
// authors
[
    {
        id: '456',
        name: 'author X',
        age: 30,
        country: 'China'
    },
    // ……
]
```

这样是不是就够了呢？还不够。因为作者信息还同时存在于 books 与 authors 这两处，还应该对书籍信息做一下调整，如下。

```
// books
[
    {
        id: '123'
```

```
        name: 'book A',
        price: 20,
        // 这里只需记录 author id
        author: '456'
    },
    // ……
]
```

这样，当需要消费作者信息时，便有了明确的来源；在需要消费书籍信息时，也可以通过查找 authors 获取书籍对应的作者信息。要注意的是，这样的结构是对前端使用更友好的数据组织格式，但它不一定对前后端通信友好，很多时候需要在与后端通信时进行一些额外处理，以便维持前端应用状态的合理性。

7.2.4 组件的隐式数据源

隐式数据源是指，那些仅仅通过观察组件对外暴露的接口无法发现的数据来源。最典型的例子就是组件在实现代码中直接 require 某个模块，并从中获得数据，这个模块可能是一个全局的事件触发器，也可能是一个 model 实现。

事实上，在传统的基于模块的前端项目开发中，一个组件直接去 require 某模块以获取数据，是很常见的做法，这一做法本身就有一定的缺点，而在 React 体系中，缺点会被放大。与这一做法相对应的是，所有的数据都由组件的使用者/父组件显式传递进来，下面通过比较来思考下前者的缺点。

- 组件行为不可预测。对于完全相同的输入（props），输出（组件行为）不一定相同。
- 组件可复用性下降。隐式的数据源导致组件可复用的场景受限，如组件直接从某 store 中读取数据，在该 store 不适用的环境里，组件无法被复用。

React 的组件方案提供了简单清晰的数据传入方式：props 与 context（context 是 React 提供的一个仍在实验的特性，它允许通过多层组件直接传递数据。React 以尽可能显式的方式规范了它的使用，后面会讨论这一点），且提供了如 propTypes、contextTypes 这样的工具来帮助发现数据流传递中潜在的问题。因此，在 React 项目中，使用 props 或 context 来传递应用状态、对象模型数据等内容是更好的做法。

至于前面提到的，组件也可能自行依赖某个全局的事件触发器，这是另一种传统前端项目常用的手段，用来实现组件间的通信。在这种情况下，组件隐式依赖的一般不是数据本身，而是应用行为与行为所包含的数据。然而，在前面 7.2.2 节（使用 refs 获取子组件）曾说明过，在 React 项目中，组件间实现通信较好的做法是，在更高层维护状态并基于 props 或 context 传递数据与回调函数。因此在这里也不会是特例。

这里要展开说一下 React 的 context。context 是 React 提供的组件间隐式传递数据的方案，它的特点如下。

1. 这种隐式传递关系只能存在于祖先节点与后代节点之间。

2. 提供方（祖先节点）需要声明 childContextTypes 并实现。使用 getChildContext 才能通过 context 提供数据。

3. 使用方（后代节点）通过声明 contextTypes 才能获取 context 中的数据。

1 可以看作 React 对于提供组件的可复用性做出的努力：对提供方来说，其产生的影响范围被限制在一个子树中；对使用方来说，提供方是有限、可置换的。在被复用组件的上层创建一个 context 提供方，即可提供定制化的数据，避免了组件中固定的数据源无法被置换，从而组件本身无法被复用的问题。

2、3 则可以看成 React 对于提高组件行为的可预测性做出的努力：通过这两点规范其使用，使得 context 像 props 那样，成为组件本身一般的对外 API，而不是组件使用方无须关心的内部实现。这样，输入（props 与 context）一致则输出（组件行为）一致的原则就没有被打破。

即便如此，context 也并不是一个被鼓励使用的功能，正如 React 官方文档所说的那样：

> “Most applications will never need to use context. Especially if you are just getting started with React, you likely do not want to use context. Using context will make your code harder to understand because it makes the data flow less clear. It is similar to using global variables to pass state through your application. **If you have to use context, use it sparingly.** ”

概括一下就是：绝大部分情况下你都不会需要使用 context，即便有，也一定要很克制地使用。而这里所提到的使用 context 所带来的问题，本节前面介绍的那些常见的组件使用隐式数据源的行为都会带来，而且严重得多，这也正是为什么需要避免它们的原因。

7.2.5 不被预期的副作用

React 与 Redux 方案为前端开发领域带来了很多函数式编程的理念：不可变数据、纯函数、函数组装等。在函数式编程中，副作用的产生是被严格限制的，纯函数应当是无副作用的。

在一般的前端项目里，除了对应用其他部分的行为产生的影响外，副作用还往往表现为 DOM 操作、AJAX 请求等。在真实的开发中，一个应用完全没有副作用是不可能的，不过限制副作用产生的位置可以帮助抽取应用中的纯逻辑，尽可能享受函数式理念带来的好处。

在一般的 React 项目里，会期望组件本身（尤其是 render 方法）是无副作用的，由组件组装成的组件树代表了从数据到界面的映射逻辑。在 Redux 项目里，会要求 reducer 是无副作用的，它代表了数据响应行为的更新逻辑。一个 React+Redux 应用可以看成由以下部分组成。

1．响应 I/O 创建行为。

2．响应行为更新数据。

3．数据映射到界面。

这样，2、3 都可以看成是无副作用的纯逻辑，这给开发带来了很多便利，如无须手动维护界面状态的变化、Redux 的 redux-devtools 提供的 time travel 能力。然而，具体的副作用应该放置在何处，如何被组织，社区给出了各式各样的方案，我们将在后面进行详细讨论。

基于上面提到的副作用的常见表现与那些被期望无副作用的位置，不难得出这样一个更为具体的结论：在组件的 render 方法或 store 的 reducer 实现中，触发 action 或调用组件的 setState（对应用其他部分的行为产生影响）、操作 DOM 或发送 AJAX 请求等行为，都是反模式的。

7.3　性能优化

在开发 Web 应用的时候，性能一直是一个被关注很多的话题。JavaScript 本身是解释运行的动态语言，在执行重 CPU 计算时效率天然地较低，再加上 DOM 本身的复杂度导致的 DOM 操作行为缓慢，当应用规模上升到一定高度时，往往会被计算与重渲染占用较多时间，导致界面不能及时响应用户操作，这种卡顿感会极大地影响用户体验。

对于基于 React 的项目，大部分时候不需要考虑性能问题——这正是 React 的 Virtual DOM 与 Diff 算法试图带来的好处。但在应用较为复杂或数据量较大时，仅仅通过调用所有组件的 render 方法重新生成 Virtual DOM 树并进行 Diff，这一过程也会变得较为耗时。如果这一过程的代价大到超过 1 帧的时间，影响到了应用的反应流畅度，优化便在所难免。

因此，不管采用怎样的技术方案，都会或多或少地与性能优化打上交道。那么对于基于 React 开发的项目，性能优化应该怎么做，又有哪些需要注意的点，本章将就此做一个整体的介绍。

7.3.1　优化原则

关于优化，有一些普适的原则可以给出较好的指导，Rick Cook 在文章《Don't Cut Yourself: Code Optimization as a Double-Edged Sword》中提到了很多有价值的点，这里要强调两点。

1. 避免过早优化

```
We should forget about small efficiencies, say about 97% of the time: premature optimization is the root of all evil. - Structured Programming with go to Statements, Donald Knuth, 1974
```

过早的优化不仅常常无法起到预期的效果，还会给项目引入额外的复杂度，影响项目的开发与维护效率。在开发时，首先考虑的应该是逻辑拆分的合理性及代码的可读性、可维护性，在需求基本完成、性能成为无法避开的挑战时，再着手做针对性的优化措施。

2. 着眼瓶颈

性能优化本身就是在做权衡，绝大部分情况下，正如所期望的，我们获得了性能（运行速度）上的收益，但会或多或少地损失部分代码的简洁与可读性。我们的最终目标是，通过最小的损失获得最大的收益。因此，找到那些对应用速度的影响中占比较大的部分，即被称为“性能瓶颈”的那些，以对其他部分代码影响尽可能小为目标，采取特定的优化行为，是最合理的做法。

绝大多数时候，瓶颈只存在于应用中较少的部分，我们将注意力集中到局部地方，就可以获得令人满意的效果。而过度的优化行为会容易导致额外的损失，故需要克制地开展。

7.3.2 性能分析

基于前面提到的原则，可以明确一个比较合适的执行方案。

- 在应用基本开发完成后考虑优化。
- 先找到性能的瓶颈，再针对性地处理。

对于 React 项目性能优化的介绍，也将以此为基础进行。

因此，这里假设 components 的实现、组合都已经开发完毕，但在实际运行中发现性能不符合预期，接下来要首先寻找瓶颈所在。

对于 React 项目来说，耗时可能存在于两个地方。

- 业务代码的行为。
- React 的行为。

对于前者，与其他 Web 应用一样，可以借助 Chrome DevTool 提供的 JS Profiler 工具来找到调用频繁、耗时较多的代码。而对于后者，如果借助 React 官方提供的辅助工具，会有事半功倍的效果。

1．react-addons-perf

这是官方提供的性能分析工具，可以通过 npm 包 react-addons-perf 获得。

```
npm install react-addons-perf --save-dev
```

因为只在开发阶段会使用 react-addons-perf 来分析性能，这里将其作为 devDependencies 进行安装。接着在应用的入口文件中引入如下代码。

```
import Perf from 'react-addons-perf';
window.Perf = Perf;
```

因为工具的使用主要是在命令行中完成的，这里把它暴露到 window 上以便使用。

注意这样的代码只在分析性能时有用，在最终代码中一般会将其移除。react-addons-perf 模块的行为也被设计为只在开发环境下生效，对应地，它给出的分析结果只是相对的代价，而不代表生产环境的真实情况。

接着启动应用的开发调试任务，在浏览器中打开应用，打开浏览器开发者工具 console 面板。

Perf 工具通过 start 与 stop 方法来进行一次测量。假设需要分析在单击一次按钮后触发的行为，首先执行：

```
Perf.start();
```

接着手动单击应用界面上的按钮，触发状态与界面更新，然后结束本次记录。

```
Perf.stop();
```

现在就可以获取本次记录的行为（介于 start 与 stop 之间的所有应用行为）的测量数据并进行分析了。

```
var measurements = Perf.getLastMeasurements();
```

这个方法会返回测量的结果数据，是一个记录了完整的行为与更新信息的 object。不过一般不直接阅读它，有额外的几个方法可以以更友好的方式来打印所关心的信息。

2．printInclusive

printInclusive 方法用来打印总体花费的时间。其结果如图 7-1 所示。

(index)	Owner > Component	Inclusive render time (ms)	Instance count	Render count
0	"App"	90.97	1	1
1	"App > List"	90	1	1
2	"List > ListItem"	64.8	1000	1000
3	"App > ItemShowLayer"	0.53	1	1
4	"App > CreateBar"	0.06	1	1

图 7-1　printInclusive 结果

3．printExclusive

printExclusive 与 printInclusive 类似，它会打印出“独占”的时间信息，即不包括在加载组件上花费的时间：处理 props、getInitialState，调用 componentWillMount 及 componentDidMount 等。其结果如图 7-2 所示。

(index)	Component	Total time (ms)	Instance count	Total render ti…	Average render …	Render count	Total lifecycle…
0	"ListItem"	64.8	1000	64.8	0.06	1000	0
1	"List"	25.2	1	25.2	25.2	1	0
2	"ItemShowLayer"	0.53	1	0.53	0.53	1	0
3	"App"	0.37	1	0.37	0.37	1	0
4	"CreateBar"	0.06	1	0.06	0.06	1	0

图 7-2　printExclusive 结果

4．printWasted

printWasted 是一个相当有用的方法，顾名思义，它打印出那些被“浪费”了的时间。这里的浪费指那些执行了 render，但没有导致 DOM 更新（渲染结果与前次相同）的行为。该方法往往能有效地发现可以被避免的 render 调用。其结果如图 7-3 所示。

(index)	Owner > Component	Inclusive wasted time (ms)	Instance count	Render count
0	"App > List"	90	1	1
1	"List > ListItem"	64.8	1000	1000
2	"App > CreateBar"	0.06	1	1

图 7-3　printWasted 结果

5．printOperations

printOperations 打印最终发生的真实 DOM 操作。它有助于发现那些可以被避免的真实 DOM 操作。其结果如图 7-4 所示。

(index)	Owner > Node	Operation	Payload	Flush index	Owner Component ID	DOM Component ID
0	"ItemShowLayer > h2"	"replace text"	"test-1"	0	5047	5050
1	"ItemShowLayer > div"	"replace children"	"<p>test-content-1</p>↵"	0	5047	5054

图 7-4　printOperations 结果

要注意上面介绍的几个打印信息的方法都接收传入参数 measurements，即测量的结果数据。如果没有提供，默认使用的是最近一次测量的结果数据，因此大部分情况下都不需要传参。

以上就是性能瓶颈定位的相关方法，接下来介绍一下常见的性能优化手段与注意点。

7.3.3　生产环境版本

严格上来说，这不能算性能优化，但它对于应用的性能影响重大。要注意的点也很简单：在生产环境下使用生产环境版本的库。不仅是 React，还有 Redux，其开发版本相比生产环境版本会多出额外的检查行为与提示信息，这些内容在开发阶段可以帮助发现问题，但在生产环境没有必要。

要使用 React 及 Redux 的生产环境版本，只需要在构建时借助构建工具向代码运行环境注入环境变量 NODE_ENV 的 production 取值即可，Uglify 等代码压缩工具会将开发版本相关的代码视作无用代码自动移除。以 webpack 为例，需要在 webpack 的配置文件中配置使用 DefinePlugin，如下。

```
module.exports = {
   //省略其他配置
   plugins: [
      //省略其他插件配置
      new webpack.DefinePlugin({
         'process.env': {
            NODE_ENV: JSON.stringify(process.env.NODE_ENV),
         },
      })
   ]
};
```

如上，在构建生产环境使用的应用代码时，都会设置环境变量 NODE_ENV=production，在 Node.js 执行 webpack 配置文件时，这里读取到的 process.env.NODE_ENV

值即“production”，将其转换成字符串字面量，通过 webpack.DefinePlugin 注入到 Web 应用代码的运行环境中，这样，应用及其依赖的源代码中所有的 process.env.NODE_ENV 表达式会被替换为“production”。React 与 Redux 开发版本的功能往往放在条件语句的包裹中，如下。

```
if (process.env.NODE_ENV !== 'production') {
    //在此添加研发环境的代码
}
```

这样的语句被转换成为如下样式。

```
if ("production" !== 'production') {
    //在此添加开发环境的代码
}
```

就可以被代码压缩工具自动移除了。这样得到的结果，代码不仅运行效率更高，体积也会有一定的缩小。

7.3.4 避免不必要的 render

正如前面提到的，在优化 React 应用时，绝大部分的优化空间在于避免不必要的 render——即 Virtual DOM 节点的生成，这不仅可以节省执行 render 的时间，还可以节省对 DOM 节点做 Diff 的时间。

1. shouldComponentUpdate

React 在组件的生命周期方法中提供了一个钩子 shouldComponentUpdate，这个方法默认返回 true，表示需要重新执行 render 方法并使用其返回的结果作为新的 Virtual DOM 节点。通过实现这个方法，并在合适的时候返回 false，告诉 React 可以不用重新执行 render，而是使用原有的 Virtual DOM 节点，这是最常用的避免 render 的手段，这一方式也常被很形象地称为“短路”（short circuit）。

shouldComponentUpdate 方法会获得两个参数：nextProps 及 nextState。常见的实现是，将新旧 props 及 state 分别进行比较，确认没有改动或改动对组件没有影响的情况下返回 false，否则返回 true。

如果 shouldComponentUpdate 使用不当，实现中的判断并不正确，会导致产生数据更新而界面没有更新、二者不一致的 bug，“在合适的时候返回 false”是使用这个方法最需要注意的点。要在不对组件做任何限制的情况下保证 shouldComponentUpdate 完全的正确性，需要手工依据每个组件的逻辑精细地对 props、state 中的每个字段逐一比对，这种做法不具备复用性，也会影响组件本身的可维护性。

所以一般情况下，会对组件及其输入进行一定的限制，然后提出一个通用的 shouldComponentUpdate 实现。

首先要求组件的 render 是“pure”的，即对于相同的输入，render 总是给出相同的输出。在这样的基础上，可以对输入采用通用的比较行为，然后依据输入是否一致，直接判断输出是否会是一致的。若是，则可以返回 false 以避免重复渲染。

其次是对组件输入的限制，要求 props 与 state 都是不可修改的（immutable）。如果 props 与 state 会被修改，那么判断两次 render 的输入是否相同便无从说起。

最后值得一说的是，“通用的比较行为”的实现。从理论上说，要判断 JavaScript 中的两个值是否相等，对于基本类型可以通过===直接比较，而对于复杂类型，如 Object、Array，===意味着引用比较，即使引用比较结果为 false，其内容也可能是一致的，遍历整个数据结构进行深层比较（deep compare）才能得到准确的答案。但是，shouldComponentUpdate 是一个会被频繁调用的方法，而深比较是代价很大的行为，如果数据结构较为复杂，进行深比较甚至会不如直接执行一遍 render，通过 shouldComponentUpdate 实现“短路”也就失去了意义。因此一般来说，会采取一个相对可以接受的方案：浅比较（shallow compare）。相比深比较会遍历整个树状结构而言，浅比较最多只遍历一层子节点。即对于下例的两个对象：

```
const props = { foo, bar };
const nextProps = { foo, bar };
```

浅比较会对 props.foo 与 nextProps.foo、props.bar 与 nextProps.bar 进行比较（要求严格相等），而不会深入比较 props.foo 与 nextProps.foo 的内容。如此，比较的复杂度会大大降低。

2．Mixin 与 HoC

前面提到，一个普遍的性能优化做法是，在 shouldComponentUpdate 中进行浅比较，并在判断为相等时避免重新 render。PureRenderMixin 是 React 官方提供的实现，采用 Mixin 的形式，用法如下。

```
var PureRenderMixin = require('react-addons-pure-render-mixin');
React.createClass({
   mixins: [PureRenderMixin],

   render: function() {
      return <div className={this.props.className}>foo</div>;
   }
});
```

Mixin 是 ES5 写法实现的 React 组件所推荐的能力复用形式，ES6 写法的 React 组件并不支持，虽然你也可以这么做。

```
import PureRenderMixin from 'react-addons-pure-render-mixin';
class FooComponent extends React.Component {
   constructor(props) {
      super(props);
      this.shouldComponentUpdate = PureRenderMixin.shouldComponentUpdate.
bind(this);
   }

   render() {
      return <div className={this.props.className}>foo</div>;
   }
}
```

手动将 PureRenderMixin 提供的 shouldComponentUpdate 方法挂载到组件实例上。但与其这样，不如直接使用另一个 React 提供的辅助工具 shallow-compare。

```
import shallowCompare from 'react-addons-shallow-compare';
export class FooComponent extends React.Component {
   shouldComponentUpdate(nextProps, nextState) {
      return shallowCompare(this, nextProps, nextState);
   }

   render() {
      return <div className={this.props.className}>foo</div>;
```

```
    }
}
```

上面两种方式本质上是一致的。

另外也有以高阶组件形式提供这种能力的工具，如库 recompose 提供的 pure 方法，用法更简单，很适合 ES6 写法的 React 组件。

```
import {pure} from 'recompose';

class FooComponent extends React.Component {
    render() {
        return <div className={this.props.className}>foo</div>;
    }
}

const OptimizedComponent = pure(FooComponent);
```

与前两种方式不同的是，这种做法也支持函数式组件，如下。

```
const FunctionalComponent = ({ className }) => (
    <div className={className}>foo</div>;
);
const OptimizedComponent = pure(FunctionalComponent);
```

3. 不可变数据

前面提到，为了让这种“短路”的做法产生预期的效果，要求数据（props 与 state）是不可变的。然而在 JavaScript 中，数据天生是可变的，修改复杂的数据结构也是很自然的做法。

```
const a = { foo: { bar: 1} };
a.foo.bar = 2;
```

但以这种方式修改数据会导致使用了 a 作为 props 的组件失去实现 shouldComponentUpdate 的意义。为此，Facebook 的工程师开发了 immutable-js 用于创建并操作不可变数据结构。典型的使用是如下这样的。

```
import Immutable from 'immutable';
const map1 = Immutable.Map({ a: 1, b: 2, c: 3 });
const map2 = map1.set('b', 50);
map1.get('b'); // 2
```

```
map2.get('b'); // 50
```

使用 immutable-js 的代价主要有两部分，一方面库本身的体积并不算小（55.7KB，Gzip 压缩后 16.3KB），另一方面在开发中需要引入一套新的数据操作方式。除了 immutable-js 外，mori、Cortex 等也是可选的方案，但也都有着类似的问题。幸而大部分情况下都可以选择另外一个相对代价较小的做法：使用 JavaScript 原生语法或方法中对不可变数据更友好的那些部分。

对于基本数据类型（boolean、number、string 等），它们本身就是不可变的，它们的操作与计算会产生新的值。而对于复杂数据类型，主要是 object 与 array，在修改时需要稍加注意。

对于 object，像如下这样的操作方式是会修改原数据本身的。

```
obj.a = 1;
obj['b'] = 2;
Object.assign(obj, { a: 1 });
```

而下面这样的操作是不会的。

```
const newObj = Object.assign({}, obj, { a: 1 });
```

如果借助 Object Rest/Spread Properties 的语法（目前处于 Stage 2 的提案，在未来可能成为标准），还可以如下这么写。

```
const newObj = { ...obj, { a: 1 } };
```

对于 array，如下这样的操作会修改原数据本身。

```
arr[0] = 1;
arr.push(2);
arr.pop();
arr.unshift(3);
arr.shift();
arr.splice(0, 1, [2]);
```

而 Array.prototype 也提供了很多不会修改原数组的变换方法，它们会返回一个新的数组作为结果。

```
arr.concat(1);
arr.slice(-1);
```

```
arr.map(item => item.name);
arr.filter(item => item.name !== '');
```

也可以通过增加一步复制数组的行为，然后在新的数组上进行操作。

```
const newArr = Array.from(arr);
newArr.push(1);

const newArr2 = Array.from(arr);
newArr2[0] = 1;
```

如果借助 ES6 的 Array Rest/Spread 语法，还可以如下这么做。

```
[...arr, 1];
[...arr.slice(0, -1), 1];
```

React 官方也有提供一个便于修改较复杂数据结构深层次内容的工具——react-addons-update，它的用法借鉴了 MongoDB 的 query 语法（示例来自 React 官方文档）。

```
var update = require('react-addons-update');

var newData = update(myData, {
    x: {y: {z: {$set: 7}}},
    a: {b: {$push: [9]}}
});
```

如上的行为会在 myData 的基础上创造一个新的对象 newData，且 newData.x.y.z 会被赋值为 7，newData.a.b 的内容（一个数组）会被 push 进值 9。对比不使用 update 的写法（示例来自 React 官方文档）如下。

```
var newData = extend(myData, { x: extend(myData.x, { y: extend(myData.x.y,
{z: 7}), }), a: extend(myData.a, {b: myData.a.b.concat(9)}) });
```

上例中 extend(myData, ...) 的行为类似于 Object.assign({}, myData, ...)。可见，在很多场景下，update 都是一个非常有用的工具，可以提高代码的简洁性与可读性。

4．计算结果记忆

使用 immutable data 可以低成本地判断状态是否发生变化，而在修改数据时尽可能复用原有节点（节点内容未更改的情况下）的特点，使得在整体状态的局部发生变化时，那些依赖未变更部分数据的组件所接触到的数据保持不变，这在一定程度上减少了重复渲染。

然而很多时候，组件依赖的数据往往不是简单地读取全局 state 上的一个或几个节点，而是基于全局 state 中的数据计算组合出的结果。以一个 Todo List 应用为例，在全局的 state 中通过 list 存放所有项，而组件 VisibleList 需要展示未完成项。

```
const stateToProps = state => {
    const list = state.list;
    const visibleFilter = state.visibleFilter;
    const visibleList = list.filter(
        item => (item.status === visibleFilter)
    );
    return {
        list: visibleList
    };
};
function List({list}) {/* ... */}
const VisibleList = connect(stateToProps)(List);
```

如上，在方法 stateToProps 中基于 state 计算出当前要展示的项列表 visibleList，并将其传递给组件 List 进行展示。有一个潜在的性能问题是，当 state 的内容变更时，即使 state.list 与 state.filter 均未变更，每次执行 stateToProps 都会计算生成一个新的 visibleList 数组。这时即便组件 List 在 shouldComponentUpdate 方法中对 props 进行比较，得到的结果也是不相等的，从而触发重新 render。

当应用变得复杂时，绝大部分组件所使用的数据都是基于全局 state 的不同部分，通过各种方式计算处理得到的，这一情况会随处可见，很多基于 shouldComponentUpdate 的"短路"式优化都会失去效果。

对此，有一个简单的解决方法是记忆计算结果。一般把从 state 计算得到一份可用数据的行为称为 selector。

```
const visibleListSelector = state => state.list.filter(
    item => (item.status === state.visibleFilter)
);
```

如果这样的 selector 具备记忆能力，即在其结果所依赖的部分数据未变更的情况下，直接返回先前的计算结果，那么前面提到的问题将迎刃而解。

reselect 就是实现了这样一个能力的 JavaScript 库。它的使用很简单，下面来改写一下上边的几个 selector。

```
import { createSelector } from 'reselect';

const listSelector = state => state.list;
const visibleFilterSelector = state => state.visibleFilter;
const visibleListSelector = createSelector(
    listSelector,
    visibleFilterSelector,
    (list, visibleFilter) => list.filter(
        item => (item.status === visibleFilter)
    )
);
```

可以看到，实现了 3 个 selector：listSelector、visibleFilterSelector 及 visibleListSelector，其中 visibleListSelector 由 listSelector 与 visibleFilterSelector 通过 createSelector 组合而成。即，一个 selector 可以由一个或多个已有的 selector 结合一个计算函数组合得到，其中组合函数的参数就是传入的几个 selector 的结果。reselect 的价值不仅在于提供了这种组合 selector 的能力，而且通过 createSelector 组合产生的 selector 具有记忆能力，即除非计算函数有参数变更，否则它不会被重新执行。也就是说，除非 state.list 或 state.visibleFilter 发生变化，visibleListSelector 才会返回新的结果，否则 visibleListSelector 会一直返回同一份被记忆的数据。

可见，类似reselect这样的方案帮助解决了基于原始state的计算结果比较的问题，有助于实现 shouldComponentUpdate 来提升应用性能。同时，将基于 state 的计算行为以统一的形式实现并组装，也有助于复用逻辑，提高应用的可维护性。

5. 容易忽视的细节

最后，在组件的实现中，一些很容易被忽视的细节，会趋于让相关组件的 shouldComponentUpdate 失效，给性能带来潜在的风险。它们的特点是，对于相同的内容，每次都创造并使用一个新的对象/函数，这一行为存在于前面提到的 selector 之外，典型的位置包括父组件的 render 方法、生成容器组件的 stateToProps 方法等。

下面是一些常见的例子。

- 函数声明

经常在 render 中声明函数，尤其是匿名函数及 ES6 的箭头函数，用来作为回调传递给子节点，一个典型的例子如下。

```
const onItemClick = id => console.log(id);
function List({list}) {
    const items = list.map(
        item => (
            <Item key={item.id} onClick={() => onItemClick(item.id)}>{item.
name}</Item>
        )
    );
    return (
        <p>{items}</p>
    );
}
```

如上，希望监听列表每一项的点击事件，获取当前被点击的项的 ID，很自然地，在 render 中为每个 item 创建了箭头函数作为其点击回调。这会导致每次组件 BtnList 的 render 都会重新生成一遍这些回调函数，而这些回调函数是子节点 Item 的 props 的组成，从而子节点不得不重新渲染。

- 函数绑定

与函数声明类似，函数绑定（Function.prototype.bind）也会在每次执行时产生一个新的函数，从而影响使用方对 props 的比对。

函数绑定的使用场景有两种，一是为函数绑定上下文（this），如下。

```
class WrappedInput extends React.Component {
    // ……
    onChange(e) {
        //在此添加回调代码
    }
    render() {
        return (
            <Input onChange={this.onChange.bind(this)} />
        );
```

```
    }
    //……
}
```

这种情况一般出现在 ES6 写法的 React 组件中，因为通过 ES5 的写法 React.createClass 创建的组件，在被实例化时，其原型上的方法会被统一绑定到实例本身。因此对于这种情况，通常建议参考 ES5 写法的组件的做法，将 bind 行为提前，即在实例化时将需要绑定的方法进行手动绑定。

```
class WrappedInput extends React.Component {
    constructor(props) {
        super(props);
        this.onChange = this.onChange.bind(this); }
//……
onChange(e) {
// 在此添加回调代码}
render() {
return ( ); } //……}
```

这样 bind 只需执行一次，每次 render 传入给子组件 Input 的都是同一个方法。

二是为函数绑定参数，在父组件的同一个方法需要给多个子节点使用时尤为常见，如下。

```
class List extends React.Component {
    onRemove(id) {
        //在此添加回调代码
    }
    render() {
        const items = this.props.items.map(
            item => (
                <Item key={item.id} onRemove={this.onRemove.bind(this, item.
id)}>
                    {item.name}
                </Item>
            )
        );
        return (
            <section>{items}</section>
        );
    }
}
```

对于这个场景最简单的做法是，将 bind 了上下文的父组件方法 onRemove 连同 item.id 传递给子组件，由子组件在调用 onRemove 时传入 item.id，像如下这样。

```
class Item extends React.Component {
    onRemove() {
        this.props.onRemove(this.props.id);
    }
    render() {
        //在此 this.onRemove 方法
    }
}
class List extends React.Component {
    constructor(props) {
        super(props);
        this.onRemove = this.onRemove.bind(this);
    }
    onRemove(id) {}
    render() {
        const items = this.props.items.map(
            item => (
                <Item key={item.id} onRemove={this.onRemove} id={id}>
                    {item.name}
                </Item>
            )
        );
        return (
            <section>{items}</section>
        );
    }
}
```

但不得不承认的是，对于子组件 Item 来说，拿到一个通用的 onRemove 方法是不太合理的。所以会有一些解决方案采取这样的思路：提供一个具有记忆能力的绑定方法，对于相同的参数，返回相同的绑定结果。或者借助 React 组件记忆先前 render 结果的特点，将绑定行为实现为一个组件，Saif Hakim 在文章《Performance Engineering With React》中介绍了一种这样的实现，感兴趣的读者可以了解一下。

笔者的观点是，绝大部分情况下，都不至于需要为了性能做这么多的妥协。除非极端情况，否则代码的简洁、可读要比性能更重要。对于这种情况，已知的解决方法或者会影响应用逻辑分布的合理性，或者会引入过多的复杂度，这里提出仅供参考，实际的必要性需要结合具体项目分析。

- object/array 字面量

代码中的对象与数组字面量是另一处“新数据”的源头，它们经常表现为如下样式。

```
function Foo() {
   return (
      <Bar options={['a', 'b', 'c']} />
   );
}
```

处理这种情况，只需将字面量保存在常量中即可，如下。

```
const OPTIONS = ['a', 'b', 'c'];
function Foo() {
   return (
      <Bar options={OPTIONS} />
   );
}
```

7.3.5　合理拆分组件

合理地拆分组件也会有助于提升应用的性能，例子如下。

```
function Parent({a, b, cList}) {
   return (
      <A data={a} />
      <B data={b} />
      {cList.map(c => (<C data={c} />))}
   );
}
```

上例中，每次组件 A 或 B 的依赖数据（a 与 b）的改动都会触发 Parent 整体的重新渲染，其中包括批量的组件 C（数量为 cList.length）。在列表数量很多的情况下，即使组件 C 做了“短路”优化，调用这么多次的 shouldComponentUpdate 方法也是不可忽视的代价，而 Parent 组件渲染结果中过多的节点数量，也会影响对 Virtual DOM 进行 Diff 的速度。考虑这里将所有的 C 组件抽取到组件 CList 中。

```
function Parent({a, b, cList}) {
    return (
        <A data={a} />
        <B data={b} />
        <CList list={cList} />
    );
}
```

在组件 CList 中做“短路”式的优化，则当 A 或 B 的依赖数据变更时，检查到 CList 便终止，直接复用先前的 CList 渲染结果，避免了对每个组件 C 的检查与渲染，对结果的 Diff 代价也会降低。

7.3.6 合理使用组件内部 state

在典型的 React+Redux 应用中，将整个应用的状态保存在单一 store 中，意味着任何一处细微的改动都需要重新计算整个 state，并可能会触发很多界面部分的重新 render。得益于目前浏览器有较好的 JavaScript 执行效率，大部分情况下这都不会带来问题。但在应用变得庞大后，单一 store 中存储的 state 规模变大，reducer 逻辑变得复杂，应用在响应一些频繁的状态更新时可能会显得吃力，最典型的例子就是 input 的交互。

大部分情况下，设置 input 的值都是通过属性 defaultValue 而不是 value。它们的区别在于，设置 defaultValue 只会在初始化组件时进行赋值，而后 input 中的内容随用户输入而改变；而设置 value 的话，input 中的内容会保持与属性 value 的值一致，而不会受用户输入的影响。在某些特定的情况下，需要设置 value 来实现对 input 的内容进行精确的控制。比如下面的例子。

```
function MirrorInputs({value, onChange}) {
    const realOnChange = e => onChange(e.target.value);
    return (
        <div>
            <input key="A" value={value} onChange={realOnChange} />
            <input key="B" value={value} onChange={realOnChange} />
        </div>
    );
}
```

在组件 MirrorInputs 中有两个 input，在任何一个 input 中输入，都会通过传入 MirrorInputs 的 onChange 方法作用（创建并触发 action）到单一 store 中，store 中状态更新后再通过 MirrorInputs 的 value 属性传递回来，同时更新内部的两个 input。这种场景其实很常见，如果把 MirrorInputs 换成 ColorInput，其中有两种输入方式，一种是纯文本输入颜色值，一种是点选的选色组件，二者的值要保持同步，这便很好理解。但为了便于说明，下面继续以 MirrorInputs 为例。

这里要注意，虽然这么做实现了需求，但是每次用户在某一个 input 中的键入，都需要完整经过以下几步。

1. 调用 onChange。

2. 创建并触发 action。

3. middleware 依次处理。

4. reducer 计算出新的 state。

5. store 内容更新，通知被 connect 的组件。

6. 被 connect 的组件将新的 value 值传递到 MirrorInputs，再传递给两个 input。

7. 局部界面（input 组件）重新渲染。

8. 作用到真实 DOM。

然后用户才能看到 input 的内容更新，即用户的键入行为得到响应。在应用规模变大时，以上步骤，尤其是 3、4、6 等步骤的规模会很容易增长，时间代价变大，从而产生明显的延迟，可能会影响用户体验。

那么针对这种情况，应该怎么做呢？一个很好的解决办法是，合理地利用组件的内部 state。很多时候，性能问题的出现往往是因为不合理的设计，做性能优化的同时也可以帮助更合理地组织应用的结构与逻辑。如上例所述的场景中，维持两个 input 的内容同步，这是组件 MirrorInputs 的内部逻辑，而当前的值，则也是组件 MirrorInputs 作为一个输入组件的内部状态。一个正常逻辑的输入组件，应该是首先响应用户操作、更新状态，然后再通过像 onChange 这样的回调方法将自己的状态更新行为通知外部。想清楚这一点后，将组件 MirrorInputs 实现为一个含 state 的组件，重构如下。

```
class MirrorInputs extends React.Component() {
   constructor(props) {
      super(props);
      this.state = {
         value: props.value
      };
      this.onChange = this.onChange.bind(this);
   }
   onChange(e) {
      this.setState(
         { value: e.target.value },
         () => this.props.onChange(this.state.value)
      );
   }
   render() {
      return (
         <div>
            <input key="A" value={value} onChange={this.onChange} />
            <input key="B" value={value} onChange={this.onChange} />
         </div>
      );
   }
}
```

如此， value 被记录在组件 MirrorInputs 的 state 中，每次用户键入都会通过 MirrorInputs 的 setState 方法更新组件的 state，触发界面更新以响应用户键入。界面更新完成后，在 setState 的第二个参数回调函数中通知外部状态变更，以触发全局的状态更新。如果要让组件 MirrorInputs 能够响应并非来自自身触发的全局状态中的 value 更新，只需要再实现一下组件的 componentWillReceiveProps 方法，在其中将最新的 props 中的 value 信息通过 setState 同步到组件的内部 state 中即可，这里不再赘述。

这个例子的意义主要在于，介绍一种解决性能问题的方式，它不仅带来性能上的收益，也可以帮助我们理解组件的角色与职责，通过调整组件实现增加组件的内聚性。

7.3.7　小结

总结一下，不难发现，对于 React+Redux 应用的性能优化，最主要的着眼点还是在于借助不可变数据与计算行为的记忆能力的“短路”式优化，它实现的基础是 React 组件提供的 shouldComponentUpdate 方法。除此之外，合理地组织与实现组件，也有利于减少无用的计算量，提升应用的渲染与响应速度。

7.4　社区产物

React 与 Redux 的流行离不开其欣欣向荣的社区，社区的产物丰富多样，有规范，有工具，还有各种样板项目等。不同的社区产物往往代表了不同的问题、不同的思考方式与不同的解决手段。本节将由介绍一些具体的社区产物入手，与读者一起来看看全世界的开发者们在使用 React 与 Redux 进行开发时都遇到过怎样的问题，又提出了怎样的解决方案。

7.4.1　Flux 及其实现

是的，Flux 架构与它的实现本身就是 React 社区的重要产物，而后者可以被列出长长的单子：Fluxxor、Fluxible、Reflux、Fluxy、Alt、NuclearJS 及本书主要介绍的 Redux 等。它们各有各的特点，或偏重函数式风格，或采用面向对象风格；或简洁，或繁复。前面已经介绍了 Flux 与 Redux，这里不再重复。这里要思考的是，它们出现的背景与愿景。

Flux 及其实现本质上解决的是数据/状态的维护问题。如果没有像 React 这样可以最终增量更新的 view 实现支持，Flux 架构的使用将会非常尴尬，其宣称的单向数据流更新界面也将变得不切实际。几乎所有的 Flux 实现，提供的都是传统的 MVC 架构中 model 与 controller 逻辑的组织方案。说到这里，有没有觉得有点眼熟？这正与前面提到的 React 只是用户界面构建方案，角色大概类似 MVC 中的 view 层这一结论相呼应。仅仅依赖 React，不足以搭建复杂的应用，如何管理数据与状态，让整个应用的数据流与 React “always rerender” 的思想保持一致，这正是 Flux 及其实现出现的背景与愿景。

7.4.2 Flux Standard Action

action 在 Flux 架构中是极其重要的概念，它是应用状态变化的必要条件，所有的状态变化都必须通过 action 触发。action 的角色是状态变更信息的载体，是一个 object，包含一个表示 action type 的字段，这是 Flux 对 action 的全部要求。不同于 Flux 作为架构思想的宽泛要求，在实际的开发中，我们往往希望打交道的同类事物有着类似的接口/结构。

Flux Standard Action 的定位是“一个用户友好的 Flux action 对象标准”，它希望通过规范 action 的格式，为通用的 action 工具或抽象的实现奠定基础。换句话说，如果所有的 action 都有着类似的结构，那么通过统一的方法创建或修改 action，或者通过统一的逻辑对 action 进行分析与响应等，便有了存在的可能性。虽然在我们的示例中并没有采用这一规范，但它本身受认可度较高，社区中也有较多的工具基于它实现，这里对它进行一些简要的介绍。

1. 结构

典型的 Flux Standard Action 的内容如下。

```
{
   type: 'ADD_TODO',
   payload: {
      text: 'Do something.'
   }
}
```

不难发现，Flux Standard Action 首先是一个普通的 action，其次会鼓励将负载信息放到 payload 字段中。基于这样的初步认识，来了解一下它的规范。

- 一个 action 必须是一个普通的 JavaScript 对象，有一个 type 字段。
- 一个 action 可能有 error 字段、payload 字段、meta 字段。
- 一个 action 必须不能包含除 type、payload、error 及 meta 以外的其他字段。

Flux Standard Action 规范严格限制了 action 对象中可以有的字段，并对不同字段的内容与角色做了说明。

2．type

action 的 type 字段标识了当前发生行为的本质特征。相同类型的行为所对应的 action 的 type 值必须是严格相等的。为了便利，它往往取值为字符串常量或一个 Symbol（ES6 引入的新数据类型）。

与此对应的是，Redux 并不建议在项目中使用 Symbol 作为 action type 的值，因为 Symbol 无法像字符串那样被序列化，这影响了 Redux 记录与重新触发 action 的能力。

3．payload

payload 是个可选字段，可以是任意类型的数据，顾名思义，它存放当前 action 的“负载”内容。当 error 字段值为 true 的时候，payload 的值应当是一个 Error 对象。

4．error

error 也是可选字段，当取值为 true 时，当前 action 代表了某处发生了错误。

5．meta

与 payload 类似，meta 是可选字段，且可以是任意类型的值。它用来存放非负载内容的额外信息。在 Redux 项目中，典型的使用 meta 的例子就是存放那些用来给 middleware 使用的信息，理论上 meta 的内容不会影响 reducer 的行为。

6．衍生

正如前面提到的，基于相同的 action 结构，提取 action 操作的公共逻辑会更加方便，redux-actions、redux-promise 及 redux-rx 等都是在 Flux Standard Action 基础上衍生出的 action 处理工具。

7.4.3 Ducks

Ducks 是一种针对 Redux 项目的内容组织方案。在前面基于 Redux 版本的 Deskmark 开发中，曾将项目中界面外的逻辑拆分到 actions 与 reducers 两处。这样的好处是，保持应用行为逻辑与状态维护逻辑的正交性，减少了二者间的耦合，在规模扩张的时候也可以游刃有余。另外曾说到，如果应用中的 action type 较多，相关逻辑较复杂，将 action type 的定义抽取到如 constants 这样的地方单独维护也是一种可以提高代码可维护性的做法。所以一般来说，当向一个基于 Redux 的项目中添加一个特性时，以请求文章列表为例，往往需要拆解成 3 个部分（不含视图逻辑）。

- 向 constants 中添加 action type 定义（FETCH_ARTICLE_LIST）。
- 在 actions 中实现请求文章列表的 action creator（创建 type 为 FETCH_ARTICLE_LIST 的 action）。
- 向 reducers 中添加文章列表的部分逻辑（响应 FETCH_ARTICLE_LIST，一般实现在如 reducers/articles.js 这样的文件中）。

不得不说，这确实是一个挺麻烦的过程，是不是可以有更简单一点的组织方式呢？Ducks 就是社区给出的答案之一。据作者宣称：

```
    however 95% of the time, it's only one reducer/actions pair that ever needs
their associated actions.
```

即，在平时的项目开发中，大部分时候拆分的 action 逻辑与 reducer 并不是正交的；相反，正如刚才的例子，FETCH_ARTICLE_LIST 及其他 article 相关的 action，只会影响到 reducers 中 articles 这一部分。因此 Ducks 建议这样一种方式，将 action type 定义、action creator 实现与对应的 reducer 打包放在一起（单个 JavaScript 模块），对不同的这样的集合，依据业务逻辑进行组织，如 articles、users、tags 等。在这样一个模块内部，以如下的格式实现并暴露这些部分（示例代码来自 Ducks 项目文档）。

```
// widgets.js

// action
const LOAD   = 'my-app/widgets/LOAD';
const CREATE = 'my-app/widgets/CREATE';
const UPDATE = 'my-app/widgets/UPDATE';
const REMOVE = 'my-app/widgets/REMOVE';
```

```
// reducer
export default function reducer(state = {}, action = {}) {
  switch (action.type) {
    //在此添加 reducer 的代码
    default: return state;
  }
}

// action creator
export function loadWidgets() {
  return { type: LOAD };
}

export function createWidget(widget) {
  return { type: CREATE, widget };
}

export function updateWidget(widget) {
  return { type: UPDATE, widget };
}

export function removeWidget(widget) {
  return { type: REMOVE, widget };
}
```

在 action 与 reducer 逻辑可以较好地对应的前提下，这一做法很像在组件化的过程中对组件的组成部分（JS、CSS、图片……）所做的那样，把组成同一份业务逻辑的所有内容放在一起组织，更清晰也更简单。不过对于使用者来说，最需要警惕的也正是这个前提。事实上，action 与 reducer 的逻辑并不能完全对应上，常常会有一些 action 影响不止一处的 reducer，也往往会有一些 reducer 需要响应不同业务逻辑相关的 action。因此，哪种方式是更合适的组织方式，对于不同的项目来说答案并不一样。

7.4.4　GraphQL/Relay 与 Falcor

把 GraphQL/Relay 与 Falcor 放在一起说，是因为它们解决的是同一类问题——复杂的前端应用如何高效地请求数据。“复杂”决定了需要获取的数据量大、规格多，即便同一份数据模型，不同的地方需要用到的字段也未必不同。于是“高效”的关键点就在于前端代码能够准确地描述对数据的需求，以及智能的请求合并。

GraphQL 与 Relay 都是 Facebook 推出的，与 Flux、React 一起组成了著名的“React 全家桶”。GraphQL 本身只是一种查询语言，用于描述数据模型的格式与需求，而 Relay 则是支持通过 GraphQL 声明数据需求的 JavaScript 框架，它会依据 GraphQL 描述自动处理数据请求并将结果提供给需求方。

一个简单的 GraphQL 语句是如下这样的（示例来自 GraphQL 官方文档）。

```
{
  user(id: 4) {
    name
    age
  }
}
```

这表示获取 ID 为 4 的 user 信息，且只需要其 name 与 age 信息。

Relay 为 GraphQL 与 React 的集成做了很多工作，并实现了如客户端 cache、请求合并、异常处理等内容。在 Relay 的帮助下，React 组件可以如下这样声明它的数据依赖（示例来自 Relay 官方文档）。

```
// 普通的React组件
class HelloApp extends React.Component {
  render() {
    // 通过'this.props'获取数据
    const {hello} = this.props.greetings;
    return <h1>{hello}</h1>;
  }
}

// 使用'Relay.createContainer'方法基于原有的组件创建一个container组件，声明数据
//依赖
HelloApp = Relay.createContainer(HelloApp, {
  fragments: {
    // 通过GraphQL语句声明依赖
    greetings: () => Relay.QL'
      fragment on Greetings {
        hello,
      }
    ',
```

```
    }
});
```

这与 Redux 项目中的容器组件很像，它们的思想是一脉相承的，将获取数据的逻辑与展现数据的逻辑分离。

尽管 Relay 尽可能地简化了使用方式，但 GraphQL 本身拥有较复杂的语法，使用 Relay 也需要编写大量的样板代码。整体来说，在现在的项目中引入 GraphQL/Relay 的成本还是比较高的，而 Falcor 就是类似问题的一个较为轻量的解决方案。

Falcor 是 Netflix 公司的开源产品，相比 GraphQL/Relay 方案，它的最大特点是简单。一方面，它没有引入像 GraphQL 这么复杂的完整的查询语法，另一方面，它的使用基于简单的 JavaScript API，比 Relay 的接口更简洁。同样是获取 ID 为 4 的 user 的 name 与 age 信息，Falcor 的方式如下。

```
model.get("users[4]['name','age']");
```

不过这种基于简单规则的 path 描述方式也不可避免地带来了一定的制约，在需要精细地控制数据依赖时，显然不如 GraphQL 灵活强大，另外也不具备 GraphQL 提供的类型系统带来的好处。

当然这里不是为了分出二者谁更好，也不是使用教学。这里介绍它们，在于它们代表了在 Web 应用规模变得越来越大的今天，我们在面临应用数据的请求这个问题时的思考与努力。相比传统的 AJAX 手段（往往搭配如 REST 这样的接口风格），这种支持精确地指定数据依赖、智能地提高效率、在一定程度上统一了前后端逻辑的做法看起来更具有未来感。也许对今天大部分的项目来说，这样的方案带来的好处，还不能抵消引入的成本，但趋势是好处将越来越显著，而成本整体会降低。也许有一天，一个类似的方案，会成为具有一定规模的 Web 应用的标配。

7.4.5 副作用的处理

在 Flux 架构的基础上，Redux 提出的范式吸收了很多函数式编程的思想。在前面关于 Redux 使用的介绍中，也不止一次提到了“纯函数”（pure function）、“副作用”（side effects），函数式编程很大的一个特点就是，尽可能使用可组合的无副作用的纯函数进行编写，而将副作用控制在有限的范围内。

在前端开发中，典型的副作用有网络请求、localStorage、cookies 读写，甚至 DOM 操作等。在前面也曾提到，Redux 严格要求了 reducer 为纯函数，还建议将 React 组件的 render 方法也实现为纯函数，甚至将组件本身实现为无状态函数式的。我们倾向于这样做是因为，副作用往往是对开发不友好的。一方面，它们不利于测试，比如为了测试 AJAX 请求常常需要搭建一个测试服务器；另一方面，它们让代码的行为变得不可预测，一个方法的返回结果不能由参数确定，互不相关的方法的执行甚至可能互相影响等。

然而，编写程序都是为了解决现实世界中的问题，因而副作用是不可避免的。对应用中的副作用如何限制，以及限制到何处，这个问题在基于 React 和 Redux 项目的开发中正在被越来越多的人重视，相应地，也有很多工具与方案被提出来，本节将介绍一下社区对于这个问题的答案。

1．action creator 中的副作用

在常见的 React+Redux 应用中，应用的逻辑一般简单拆分为以下几个部分。

① 由数据映射到界面的逻辑（数据计算与 React 组件实现）。

② 用户操作或其他事件触发行为的逻辑（一般抽取为 action creator）。

③ 依据行为计算得到新的数据的逻辑（reducer 实现）。

将①、③排除掉后，首选自然是②，创建与触发 action。这一选择不仅是我们的直觉，也是 Redux 官方文档中的答案。副作用往往伴随着多次的、异步的 action 创建与触发，因而一般需要借助特别的 middleware 来实现。前面介绍过的 redux-thunk 就是最简单的方案，一来它允许获取 store.dispatch 方法，从而在同一个 action creator 中创建并触发多个 action；二来它允许返回一个函数而不是 action 对象，这样，理论上任意复杂的异步流程都可以被组织在其中。redux-promise 及 redux-promise-middleware 等也可以做到这一点，尤其是当异步行为都被封装成 promise 时，直接 dispatch promise 的做法可以让代码更加简洁。

不过，将副作用及很多复杂的流程控制逻辑全部组织在 action creator 中也有其缺点，action creator 本身很容易不受限制地膨胀，就像是在 Redux 的控制范围以外成立了一个独立的王国，里面充斥了难缠的逻辑子民。随后这一部分自己就会成为问题的根源：它们复杂而不受约束，如果没有较好的控制，偷懒的程序员会越来越倾向于不加分类地把逻辑塞进这里，而只是把 Redux 的 action 创建与触发行为当作一个日记本，顺带地记下来都发生了些什么，于是应用又会滑向不可控制的边缘。

2．middleware 中的副作用

因此，有另一种方案被提出来，它们着眼于在前面被忽视的 middleware。有没有可能将逻辑再分解呢？让 action creator 本身再干净整洁一点，把这些脏乱的任务交给幕后的 middleware？这一方案的代表就是 redux-saga。

redux-saga 实现为一个 Redux middleware，它允许使用生成器（generator）的形式描述对特定 action 的响应动作。这样，action creator 可以像最初那样只返回普通 action 对象，而将复杂的流程控制交到那些生成器中。这些生成器被称作 effect creator，它们的特点是通过 yield 可以分批次生产出 effect。这里的 effect 对应那些真实的副作用，但并不会真的发生，它们只是包含了对副作用描述信息的 JavaScript 对象，就像 Redux 使用 action 对象来描述行为那样。redux-saga 又提供了像 call、put 这样的辅助方法，借助这些辅助方法，可以以相对简洁、更声明式的方式来描述 effect，如 call(fn,arg1,arg2)就对应了一次函数调用，被调用函数为 fn，参数分别是 arg1、arg2。由于这样一份信息只是一个 JavaScript 对象，而没有真的执行 fn 这个方法，effect creator 也就变得更好测试——执行它，然后检查它的 yield 结果即可。

最终，副作用的生效由 redux-saga 完成，在这个过程中只是生产用来交给 redux-saga 执行的指令。

在类似的由开发者编写行为描述、由 middleware 去将其执行生效的思路下，也有一些别的库，如 redux-loop、redux-effects 等，感兴趣的读者可以进一步了解其具体的方案与用法。

不难发现，副作用的组织与管理，同样是一个在应用复杂度达到一定程度时需要考虑的问题，而以 redux-saga 为代表的更彻底的解决方案常常会迫使我们放弃习惯

的做法，这意味着不小的引入代价。大部分时候，redux-thunk、redux-promise 这样的方案就足以满足需求。如果有一天你清楚地发现了自己遇到了这样的问题，那便是时候去尝试这些更为“高级”的方案了。